Louis Figuier

La Pile de Volta

Les Merveilles de la science

ISBN : 978-1519170781

10 9 8 7 6 5 4 3 2 1

Louis Figuier

La Pile de Volta

Les Merveilles de la science

Table de Matières

INTRODUCTION

Nous sommes dans la ville de Cosme, en Milanais, pendant les premiers jours de l'année 1800, tout à fait à l'aurore du grand siècle des sciences physiques. Si nous entrons dans le cabinet d'un physicien retiré dans cette ville, à la fin d'une longue carrière d'enseignement, nous y apercevrons un homme déjà âgé, qu'entoure tout un étrange attirail. Des pièces d'argent monnayé, des rondelles ou palets de zinc et de cuivre, sont épars autour de lui. Sur sa table, se dressent trois baguettes de bois, entre lesquelles il vient de superposer avec le plus grand soin, et toujours dans le même ordre, un palet de cuivre, un palet de zinc, une rondelle de drap mouillé ; puis encore, et toujours dans le même ordre, un palet de cuivre, un palet de zinc, une rondelle de drap mouillé.

Tout cet ensemble forme un entassement, une *pile*, composée d'une série de disques de cuivre et de zinc, chacun de ces couples se trouvant constamment et uniformément séparé de l'autre, par un disque de drap humecté. L'œil fixé sur ce singulier assemblage, notre savant paraît en proie aux plus vives préoccupations. On dirait qu'il entrevoit par la pensée, tout un monde de vérités ignorées et sublimes. Près de lui est un écrit qu'il s'apprête à relire, c'est une longue lettre portant pour suscription : *À sir Joseph Banks, président de la Société royale de Londres.*

Que signifie cet arrangement singulier, cet instrument bizarre dont rien ne peut encore nous faire comprendre le but ? Le vieux savant est-il tombé en enfance ou en manie ? Mais suspendons toute interprétation injurieuse. Cet homme est Alexandre Volta. Cet appareil, c'est la *pile*, nom que l'inventeur lui donne, pour ne rien préjuger de ses effets et rappeler seulement l'ordre qui préside à sa disposition. Ce nom, provisoirement et arbitrairement adopté, restera désormais, (et malheureusement, car il n'est pas de nom plus impropre), attaché à cet appareil.

Rien ne peut faire prévoir encore l'importance de cet instrument nouveau. Mais attendez quelque temps, trois mois à peine, et lorsqu'une étude rapide aura permis d'entrevoir ses principaux effets, vous ne tarderez pas à vous convaincre qu'il constitue le plus puissant, le plus merveilleux des appareils qu'ait enfantés la science des hommes. Un rapide coup d'œil jeté, par avance, sur les principaux effets de la pile de Volta, va nous montrer que rien n'est comparable à la puissance, à la variété, à l'universalité de ses effets.

Réunissez, au moyen d'un fil métallique, les deux extrémités qui terminent cette pile de disques accumulés, et voici les effets variés, autant qu'extraordinaires, que vous obtiendrez à volonté.

Entre ces deux fils rapprochés à une faible distance, on voit jaillir une flamme, qui, lorsqu'elle est produite dans des conditions spéciales, efface, par sa prodigieuse intensité, toute lumière artificielle, et qui n'est comparable qu'à l'éclat même du soleil.

Si l'on réunit par un mince fil conducteur, les deux pôles de cet instrument, de telle sorte que le fil interposé serve seul à l'écoulement du fluide électrique, on aura entre les mains le plus énergique foyer de chaleur dont les hommes puissent disposer. Par la masse de calorique accumulée en ce point, on met en un instant en fusion, et l'on réduit même à l'état de vapeurs, les métaux les plus réfractaires. Le fer, infusible dans nos feux de forge ; le platine, le plus réfractaire des métaux ; les corps non métalliques, tels que la silice ou l'alumine, composés absolument infusibles ; le diamant même ; en un mot, presque toutes les substances sans exception appartenant au règne minéral, sont amenées, en un instant à l'état de fusion, par ce foyer sans rival.

Quand il circule silencieusement et sans aucune manifestation extérieure, dans un conducteur non interrompu, le courant électrique engendré par cet instrument jouit de la vertu, mystérieuse autant qu'étonnante, de développer une force motrice considérable. On peut, à son gré, accroître l'énergie de cette force mécanique, l'employer à soulever de lourds fardeaux, à animer des machines. Différent en cela de tous les moteurs connus, cet agent mécanique se transporte à toutes les distances, avec une vitesse incalculable. Il peut agir, sans perdre considérablement de son intensité, à mille lieues de son point de départ. Serviteur obéissant et docile, cette force est toujours prête. Rien ne lui fait obstacle pour surmonter les distances. Elle franchit les mers, gravit les montagnes, descend les vallées, traverse les cités, et se retrouve, à son point d'arrivée, avec la plus grande partie de son énergie primitive. On peut en un clin d'œil, à la volonté et au commandement de la main, suspendre son action, et dans les intermittences de travail, dans les instants de repos, elle ne dépense, elle ne consomme rien.

Si l'on plonge dans de l'eau, deux fils d'or ou de platine, attachés aux deux pôles de cet instrument, et que l'on rapproche ces deux fils à une certaine distance, on voit aussitôt l'eau se décomposer et se réduire en ses deux éléments ; l'oxygène et l'hydrogène gazeux. L'oxygène se dégage autour du fil aboutissant au pôle zinc, l'hydrogène autour du fil partant du pôle cuivre.

Cette décomposition que l'eau subit sous l'influence du courant voltaïque, tous les autres composés naturels sont susceptibles de l'éprouver également ; car la pile de Volta est le moyen le plus puissant d'analyse que possède la chimie. Sous son influence, les oxydes métalliques sont réduits en leurs éléments ; l'oxygène se dégage au pôle zinc ; le métal se dépose à l'autre pôle. Les composés salins se détruisent aussi par l'incompréhensible action de la même force : l'acide qui entré dans leur composition se porte au pôle zinc ; la base, ou l'oxyde métallique, se rend au pôle cuivre.

C'est grâce à la pile voltaïque que les chimistes ont pu être fixés, après des siècles d'infructueux efforts, sur la nature d'une foule de composés ; On soumet un jour la potasse à l'action de la pile, et cet alcali est décomposé. Bientôt, tous les oxydes terreux se dédoublent à leur tour, en oxygène et en un métal particulier ; la véritable nature des bases alcalines et terreuses est ainsi tout à coup dévoilée. Toutes les autres substances chimiques étant soumises successivement à ce puissant moyen d'analyse, des métaux inconnus sont découverts, la liste des corps simples anciennement admise est rectifiée, et le système général de la chimie s'éclaire d'un jour inattendu.

Moyen puissant et sans égal d'analyse chimique, la pile voltaïque peut aussi, délicatement employée, produire l'effet inverse, et par une sorte de contradiction physique dont le sens nous échappe, servir à la synthèse ou à la recomposition des corps. Si l'électricité de la pile peut décomposer l'eau en ses éléments, à l'inverse, une étincelle électrique, qui peut être fournie par la pile, provoque la combinaison de l'hydrogène et de l'oxygène gazeux, et détermine la formation de l'eau, par l'union chimique de ces deux gaz. Enfin, grâce à l'emploi de courants électriques faibles et continus, on parvient à reproduire, avec le secours du temps, certaines espèces minérales qui existent dans la nature.

La pile de Volta, qui produit de si remarquables effets physiques et chimiques, provoque encore d'importants phénomènes physiologiques. En circulant au sein de nos organes, l'électricité issue de la pile, reproduit ces intimes ébranlements que l'innervation a le privilège d'y exciter. Elle réveille nos fonctions endormies, met en action les appareils organiques ; elle *galvanise*, suivant l'expression consacrée, le cadavre des animaux récemment tués, et simule les phénomènes qui sont propres à la vie.

Si, avec les deux mains humectées d'eau, on touche à la fois, les deux fils conducteurs d'une pile en activité, on éprouve aussitôt une vive commotion. On ressent dans les articulations des doigts et de la main, une secousse, pareille à celle que l'on éprouve quand on touche à la fois les deux garnitures d'une bouteille de Leyde. Seulement, la bouteille de Leyde ne donne qu'une seule commotion ; pour en obtenir une autre, il faut recharger la bouteille. Ici, au contraire, la secousse se renouvelle continuellement ; la pile de Volta joue le rôle d'une bouteille de Leyde qui se rechargerait sans cesse et d'elle-même, qui après avoir produit un effet électrique se rechargerait d'électricité et subitement et spontanément.

Placez sur le bout de la langue le pôle zinc de cet instrument, et sur un autre point du même organe le pôle cuivre, vous percevrez l'impression d'une saveur acide. Changez les deux fils de place, la saveur perçue sera alcaline.

Le sens de la vue peut être excité, comme celui du goût, par le courant de la pile ; et, résultat singulier, la sensation lumineuse peut être provoquée sans que le fil conducteur touche l'organe de la vue. Si l'on applique sur la joue, sur les lèvres, ou sur une partie quelconque du visage, préalablement humectée d'eau, le fil conducteur de l'un des pôles, à l'instant où l'on saisit avec la main l'autre extrémité, on aperçoit un faible éclair en tenant les yeux fermés. Si l'on place les deux fils de la pile sur les oreilles humectées d'eau, ou bien entre une oreille et quelque autre partie humectée du visage, on entend aussitôt des sons ou des bruits successifs et répétés.

Ce n'est pas seulement sur les organes vivants que la pile voltaïque exerce son influence. Elle réveille sur le cadavre des animaux les actions organiques qui viennent de s'éteindre par la mort. En faisant, par des moyens convenables, circuler le courant électrique dans les muscles pectoraux d'un animal récemment tué, on voit renaître sur le cadavre, l'acte mécanique de la respiration. Soumis au même genre d'expérimentation, on a vu des hommes suppliciés exécuter les phénomènes de la vie organique, leurs mains s'agiter et soulever des poids, le tronc se relever à demi, et les muscles de la face en proie à de si effrayantes contorsions, que les témoins de cette étrange scène s'enfuyaient épouvantés.

Source de lumière et de chaleur, agent de force motrice, moyen puissant d'action chimique, instrument de phénomènes physiologiques variés, la pile voltaïque réalise donc cet idéal Protée conçu pour un autre ordre d'idées par la poétique imagination des anciens. Produire de la chaleur et de la lumière, créer des forces motrices, ramener les corps à leurs éléments primitifs, combiner entre eux ces éléments, réveiller au sein des êtres organisés les mouvements particuliers à l'action vitale, à cela se réduit à peu près la sphère de notre activité scientifique et industrielle. Ce cercle immense autant que varié, la pile voltaïque le remplit à elle seule, et presque toujours avec une intensité et une facilité surprenantes.

De toutes les inventions modernes, la pile voltaïque est donc la plus originale, la plus féconde, en raison du caractère frappant, d'universalité qui la distingue. Les plus belles créations de la science ou de l'industrie, la machine à vapeur et nos puissants instruments mécaniques, la boussole, les lunettes d'approche et les instruments d'optique perfectionnés, toutes les autres inventions dont nous pourrions rappeler la longue et glorieuse liste, n'accomplissent en général qu'une fonction unique et spéciale. L'instrument que nous devons à Volta est, au contraire, essentiellement universel dans ses applications. Grâce à cet appareil admirable, on enferme et l'on condense en un même point une source continuelle d'électricité, c'est-à-dire d'un agent physique égal au calorique par le nombre et l'importance de ses attributs, et l'on peut mettre tour à tour à profit ses effets variés. Lumière, chaleur, action mécanique, effets physiologiques, nous avons sous la main, avec la pile électrique, toutes les ressources, tous les moyens d'action à la fois. Nous pouvons, à volonté, mettre en jeu l'un de ces effets à l'exclusion des autres, et tous, isolés ou simultanés, obéissent aveuglément à nos ordres. Ils partent, s'élancent ou s'arrêtent, modèrent, graduent ou exaltent leur intensité, selon nos besoins ou nos désirs. Grâce à la pile de Volta, l'électricité devient tour à tour le messager rapide qui porte nos dépêches, — la machine puissante qui accomplit nos travaux mécaniques, — l'agent mystérieux qui, dans nos laboratoires industriels, façonne et superpose les métaux précieux ou communs, — le moyen thérapeutique que la médecine tente de mettre en œuvre, et la lampe sidérale, qui brille comme un soleil nouveau dans la nuit de nos cités.

Il faudrait des volumes pour raconter avec tous les détails qu'elle exigerait, l'histoire de la pile de Volta, pour tracer le tableau des innombrables applications qu'elle a reçues, et fournir des renseignements exacts et circonstanciés sur tous les points qui se rattachent à ce grand sujet. Pour ne pas étendre cette notice hors de toute limite, nous ne considérerons ici que l'histoire de la pile de Volta prise en elle-même, sans entrer dans l'exposé de la longue série des applications qu'elle a trouvées de nos jours. Nous pourrons ainsi renfermer dans un petit nombre de pages le récit historique de tout ce qui se rapporte à cet admirable appareil. Après cette partie historique, nous aborderons la description de cet instrument, les formes infiniment variées qu'il a reçues. Nous terminerons cette étude par un coup d'œil sur la difficile question de la *théorie de la pile*.

CHAPITRE PREMIER

PREMIÈRES OBSERVATIONS DE GALVANI SUR L'ÉLECTRICITÉ ANIMALE. — LE CHOC EN RETOUR CHEZ LA GRENOUILLE. — RECHERCHES EXPERIMENTALES DE GALVANI TOUCHANT L'INFLUENCE DE L'ÉLECTRICITÉ DES MACHINES SUR LES CONTRACTIONS MUSCULAIRES DES ANIMAUX À SANG FROID ET À SANG CHAUD. — DÉCOUVERTE FONDAMENTALE, FAITE PAR GALVANI, DES CONTRACTIONS MÉTALLIQUES PROVOQUÉES CHEZ LA GRENOUILLE PAR L'EMPLOI D'UN ARC MÉTALLIQUE. — GALVANI PUBLIE SON SYSTÈME SUR L'ÉLECTRICITÉ ANIMALE.

Professeur d'anatomie à l'université de Cologne, Aloysius Galvani était l'un des hommes les plus distingués d'une époque féconde en éminents esprits. Bien que l'on se soit plu à rabaisser son mérite scientifique en ne voulant le considérer que comme un anatomiste habile, il s'était pourtant occupé avec succès de beaucoup d'études expérimentales d'un ordre varié. Sans négliger pour cela ses travaux de physiologie, il s'était occupé de chimie organique et de physique appliquée. Préoccupé depuis longtemps de l'étude des fonctions du système nerveux, séduit par la pensée, alors si en faveur, de l'intervention de l'électricité dans les phénomènes de la vie, il s'adonnait d'une manière particulière, à l'examen de l'action du fluide électrique sur les corps vivants : il cherchait à déterminer son influence sur les organes des animaux. L'expérimentateur de Bologne était donc parfaitement préparé aux découvertes de physique et de physiologie qu'il devait réaliser plus tard.

C'est à Galvani qu'était réservée la gloire d'ouvrir le premier la route dans l'immense champ de recherches scientifiques qui devait si profondément remuer son époque.

Pour mettre sur le compte du hasard l'observation du fait primordial qui donna le signal de ses recherches, on a accrédité une anecdote, souvent reproduite et singulièrement fertile en variantes[1]. Bien que répétée par Arago, dans son *Éloge historique de Volta*, cette anecdote ridicule, dans laquelle il est question d'un bouillon aux grenouilles préparé par la cuisinière de Galvani, est tout à fait controuvée. Le hasard joua sans doute un rôle dans ce fait ; mais le génie de Galvani tira, comme on va le voir, un merveilleux parti d'un accident qui serait demeuré stérile entre les mains de tout autre observateur.

Un soir de l'année 1780[2], Galvani se trouvait dans son laboratoire, occupé, avec quelques élèves, à répéter ses expériences sur l'irritabilité nerveuse des animaux à sang froid, et en particulier des grenouilles. Pour procéder à ces expériences, on avait fait subir à la grenouille une préparation anatomique qui consistait : 1° à dépouiller rapidement de sa peau l'animal vivant ; 2° à séparer d'un coup de ciseau, les membres inférieurs de la partie supérieure du corps, en conservant seulement les deux nerfs de la cuisse (les nerfs cruraux, qui sont très-développés chez ce batracien). Ces nerfs, étant respectés, servaient à maintenir, appendus par ce seul lien, les membres inférieurs de l'animal.

Dans le même laboratoire où Galvani se livrait en ce moment, à ses recherches sur l'irritabilité nerveuse des grenouilles, un autre observateur de ses amis était occupé à faire, de son côté, quelques expériences de physique, au moyen d'une machine électrique ordinaire. Cette coïncidence, assez singulière, fut le véritable hasard dont on a tant parlé à ce propos.

Ayant fait subir à sa grenouille la préparation anatomique que nous venons de décrire, Galvani la posa, sans intention particulière, sur la tablette de bois qui servait de support à la machine électrique ; puis il sortit du laboratoire, pour se rendre dans une autre partie de la maison.

Or, il arriva que l'un des aides de Galvani, sans doute pour achever la dissection et la séparation des nerfs cruraux de la grenouille, vint à toucher ces nerfs de la pointé de son scalpel. Tout aussitôt, les membres inférieurs de l'animal entrèrent en contraction, comme s'ils étaient pris d'une convulsion tétanique.

On comprend aisément la surprise qu'occasionna ce phénomène insolite aux personnes qui se trouvaient en ce moment dans le laboratoire.

Parmi elles étaient la femme du professeur, Lucia Galvani, compagne constante et dévouée, qui exerça une grande influence sur la destinée et les travaux du célèbre anatomiste. Pendant que l'on s'empressait à reproduire, en se plaçant dans les mêmes conditions, le curieux phénomène qui avait si fort étonné les assistants, Lucia Galvani crut reconnaître que les contractions de la grenouille n'étaient jamais excitées qu'au moment précis où l'on tirait une étincelle de la machine électrique voisine. En effet, l'expérience répétée avec cette circonstance particulière, réussissait toujours. Quand on tirait une étincelle de la machine, et qu'en même temps, une autre personne touchait de la pointe d'un scalpel, les nerfs cruraux de la grenouille, placée pourtant à une certaine distance de l'appareil électrique, les contractions lombaires ne manquaient jamais de se manifester. Elles n'apparaissaient pas, au contraire, quand on laissait en repos la machine.

Fig. 315. — Galvani, professeur à Bologne, découvre, en 1780, l'irritabilité des muscles de la grenouille par l'électricité.

Émerveillée de ce fait, Lucia Galvani courut aussitôt en faire part à son mari, retenu en ce moment hors du laboratoire.

Ce dernier s'empressa de vérifier le phénomène annoncé, et il ne put qu'en constater la réalité. En plaçant la grenouille sur la tablette de la machine électrique comme le représente la figure 315, puis approchant la pointe d'un scalpel de l'un ou de l'autre des nerfs cruraux de la grenouille, tandis qu'une autre personne tirait l'étincelle de la machine, le phénomène se produisit exactement de la même manière. Les membres inférieurs de l'animal furent pris de contractions violentes, comme par l'effet d'un mouvement tétanique. Voici le passage du mémoire latin de Galvani où le fait qui précède est raconté avec détail :

« La chose se passa pour la première fois comme je vais le raconter. Je disséquais une grenouille et je la préparais comme l'indique la figures de ce mémoire. Ensuite, me proposant toute autre chose, je la plaçai sur une table sur laquelle se trouvait une machine électrique. La grenouille n'était aucunement en contact avec le conducteur de la machine ; elle en était même distante d'un assez long intervalle. Un de mes aides vint rapprocher par hasard la pointe d'un scalpel des nerfs cruraux internes de cette grenouille et les toucha légèrement, et tout aussitôt tous les muscles des membres inférieurs se contractèrent, comme s'ils avaient été subitement pris de convulsions tétaniques violentes. Cependant une personne qui était là présente pendant que nous faisions des expériences avec la machine électrique, crut remarquer que le phénomène ne se produisait que lorsque l'on tirait une étincelle du conducteur. Émerveillée de la nouveauté du fait, elle vint aussitôt m'en faire part. J'étais alors préoccupé de toute autre chose ; mais pour de semblables recherches mon zèle est sans bornes, et je voulus aussitôt répéter par moi-même l'expérience et mettre au jour ce qu'elle pouvait présenter d'obscur. J'approchai donc moi-même la pointe de mon scalpel tantôt de l'un, tantôt de l'autre des nerfs cruraux, tandis que l'une des personnes présentes tirait des étincelles de la machine. Le phénomène se produisit exactement de la même manière : au moment même où l'étincelle jaillissait, des contractions violentes se manifestaient dans chacun des muscles de la jambe, absolument comme si ma grenouille préparée avait été prise de tétanos[3]. »

Il résulte bien évidemment de ce récit de Galvani, que ce n'était pas pour la première fois qu'il se livrait à des recherches physiologiques sur les grenouilles. Il existe d'ailleurs une preuve irrécusable qui fixe l'époque exacte à laquelle Galvani commença ses expériences sur les grenouilles. On trouve dans un registre signé par Canterzani, secrétaire de l'Académie de Bologne, la note suivante relative aux dates des mémoires que Galvani avait communiqués à cette Académie :

« 9 avril 1772, *Sur l'irritabilité hallérienne.*

« 22 avril 1773, *Sur les mouvements musculaires des grenouilles.*

« 20 janvier 1774, *Sur l'action de l'opium sur les nerfs des grenouilles.* »

Ainsi, lorsque Galvani fit l'observation rapportée plus haut, de l'action de l'étincelle électrique sur les nerfs cruraux de la grenouille, il faisait usage depuis sept ans, de grenouilles préparées de cette manière. On a retrouvé parmi ses manuscrits, le cahier qui contient ses premières expériences faites en 1780 sur les contractions des grenouilles excitées par l'électricité. En décrivant la première expérience que nous venons de rapporter, Galvani écrit : *La grenouille était préparée comme à l'ordinaire* (*alla solita maniera*). Ce n'était donc point par hasard, ni pour la première fois, qu'il fit, en 1780, l'observation capitale dont il s'agit.

L'anecdote du bouillon aux grenouilles préparé par la cuisinière de madame Galvani pour un rhume de son mari, qui a été répétée par une foule d'écrivains, parmi lesquels figurent les plus sérieux et les plus recommandables de nos auteurs, tels que Alibert dans son *Éloge historique de Galvani*, et Arago dans son *Éloge historique de Volta*, n'est donc qu'une fable.

Le phénomène qui avait si fort émerveillé Galvani et ses amis, bien qu'il n'eût jamais été observé jusque-là, était assez simple en lui-même. C'était un résultat de ce que l'on désigne en physique, sous le nom de *choc électrique en retour*, et dont les effets s'observent en grand, pendant la décharge électrique d'un nuage orageux.

Le *choc en retour* est une commotion électrique que peuvent ressentir l'homme et les animaux, à une distance assez éloignée du lieu où la foudre a éclaté. Occupant une vaste étendue de l'atmosphère, un nuage chargé d'électricité agit *par influence* sur tous les corps placés dans sa sphère d'action. Tous les corps, toute la surface du sol, qui sont compris dans le cercle d'activité du nuage orageux, sont électrisés par son influence, et se trouvent chargés d'une quantité plus ou moins considérable d'électricité contraire à celle du nuage. Quand la foudre vient à éclater en un point quelconque, le nuage se trouve subitement déchargé de son électricité libre ; il cesse donc, tout aussitôt, d'agir électriquement sur les corps placés au-dessous de lui. Dès lors, ces corps repassent subitement de l'état électrique à l'état neutre, par la recomposition instantanée des deux fluides. Ce brusque retour à l'état naturel, cette subite recomposition du fluide, quand elle s'exerce à travers les corps des hommes ou des animaux, provoque une secousse, une commotion violente et quelquefois mortelle : c'est le *choc en retour*.

C'est un phénomène de ce genre qui se produisait dans l'expérience de Galvani rapportée ci-dessus. Placé dans le voisinage d'une machine électrique en activité, et se trouvant ainsi dans sa sphère d'attraction, le corps de la grenouille s'électrisait par influence, et persistait dans cet état électrique tant que le conducteur de la machine se trouvait chargé de fluide. Mais quand on venait, en tirant l'étincelle, à dépouiller subitement le conducteur de la machine de toute son électricité libre, la recomposition du fluide se faisait au même instant dans le corps de l'animal. Ce rapide mouvement de l'électricité déterminait une commotion dans les membres de la grenouille, parce que le corps d'une grenouille récemment tuée éprouve toujours ces mouvements de contractilité musculaire sous l'influence de l'électricité en mouvement. Une grenouille récemment tuée est, en effet, un excellent *électroscope* : elle accuse la présence des plus faibles traces d'électricité à l'état libre. Beaucoup de physiciens se sont servis du corps d'une grenouille préparée pour affirmer la présence de l'électricité en mouvement.

On a dit et répété bien des fois, que Galvani ne sut point reconnaître la nature du phénomène qui se manifesta pour la première fois entre ses mains. On a prétendu qu'excellent anatomiste, mais physicien ignorant, il n'avait pas compris que les contractions de sa grenouille provenaient simplement d'un *choc en retour*, et qu'il fut amené ainsi à s'engager dans une foule de recherches qu'il se serait évité la peine d'entreprendre s'il eût été bon physicien.

Accuser Galvani d'avoir ignoré les faits élémentaires de l'électricité statique, c'est commettre une véritable injustice. L'anatomiste de Bologne connaissait le phénomène du choc en retour, car il en parle dans ses ouvrages. Il avait fait d'ailleurs de nombreuses expériences sur l'électricité produite dans le vide, sur la bouteille de Leyde soumise à l'influence de la machine électrique. De pareilles études suffisent pour prouver que Galvani possédait sur l'électricité statique de solides connaissances, et qu'il ne pouvait ignorer le phénomène du choc en retour.

C'est le reproche qu'a adressé à Galvani Arago, dont l'opinion a été ensuite reproduite par presque tous nos auteurs :

« Ce phénomène était très-simple, dit Arago, s'il se fût offert à quelque physicien habile, familiarisé avec les propriétés du fluide électrique, il eût à peine excité son attention. L'extrême sensibilité de la grenouille, considérée comme électroscope, aurait été l'objet de remarques plus ou moins étendues ; mais sans aucun doute, on se serait arrêté là. Heureusement, et par une bien rare exception, le défaut de lumières devint profitable. Galvani, très-savant anatomiste, était peu au fait de l'électricité. Les mouvements musculaires qu'il avait observés lui paraissant inexplicables, il se crut transporté dans un nouveau monde[4]. »

Nous invoquerons à l'encontre de cette dernière assertion, le témoignage du savant physicien italien, M. Matteucci, si compétent en un tel sujet[5]. M. Matteucci dit, à propos des connaissances de Galvani dans l'électricité :

« Du reste, dans un mémoire latin qui est très-peu répandu, et dans lequel il s'occupe de la lumière électrique dans l'air plus ou moins raréfié, on peut voir que Galvani était bien au courant de toutes les découvertes et de toutes les théories de l'électricité. Dans son mémoire *sur l'usage et l'activité de l'arc conducteur*, Galvani dit que la contraction de la grenouille peut très-bien s'expliquer, dans le cas dont nous avons parlé, par le *coup de retour*. On voit bien qu'il expliquait le phénomène comme nous le faisons encore. »

Ainsi Galvani songea à expliquer par le phénomène du choc en retour, le mouvement convulsif de la grenouille, mais il ne crut pas devoir s'arrêter à cette explication. Préoccupé depuis longtemps, de la pensée que le fluide nerveux n'est autre chose que l'électricité libre circulant dans l'économie animale, il se refusa à admettre que le phénomène qu'il venait d'observer, fût le résultat d'un simple choc en retour. Il considéra ces contractions musculaires comme le premier anneau d'une chaîne de découvertes qui devaient le conduire à la vérification expérimentale d'une théorie séduisante. Il espéra arriver à déterminer les lois et la nature de cet influx nerveux qu'il avait tant étudié.

L'événement prouva d'ailleurs que dans cette circonstance, l'anatomiste eut raison de ne pas s'en tenir exclusivement aux préoccupations du physicien.

Quoi qu'il en soit, Galvani, justement frappé de l'importance du fait nouveau qui venait de se révéler entre ses mains, résolut d'en poursuivre l'étude d'une manière approfondie. Il entreprit une longue série de recherches, avec toutes sortes d'animaux, sur la manière dont la décharge de la machine électrique provoque les contractions musculaires. Cette catégorie d'expériences ne dura pas moins de six années.

Dans ces longues recherches, Galvani étudia avec le plus grand soin l'influence qu'exerce l'électricité des machines pour provoquer à distance les contractions musculaires des animaux à sang froid et à sang chaud, soit peu d'instants après leur mort, soit pendant la vie. Il procéda à cette étude avec une méthode, une sagacité, une rectitude de jugement qui peuvent être citées comme un exemple à suivre dans l'observation d'un phénomène obscur par son côté physique, et compliqué par l'élément, si épineux, de l'intervention de la vie.

Dans le problème offert à sa curiosité philosophique, il y avait trois termes principaux, dont il fallait déterminer les conditions et l'influence : l'électricité comme agent du phénomène ; — les nerfs qui produisaient, par leur intermédiaire, le mouvement contractile observé ; — le corps étranger, qui, mis en contact avec les nerfs, provoquait les contractions.

Les premières expériences de Galvani portèrent sur ce corps étranger qui, par son contact avec les nerfs, excitait les mouvements de la grenouille. Dans l'expérience telle qu'elle avait été faite pour la première fois, on s'était servi d'un scalpel à manche métallique, c'est-à-dire d'un corps très-bon conducteur de l'électricité. Galvani répéta l'expérience avec tous les corps bons, médiocres, ou mauvais conducteurs du fluide électrique, et il reconnut que les substances conductrices avaient seules la propriété de provoquer les convulsions musculaires. Il étudia aussi l'influence de la forme, de la longueur, de l'orientation des conducteurs propres à exciter la contraction tétanique, et il constata que dans ces diverses conditions, le phénomène se produisait toujours identiquement le même, pourvu que l'extrémité de l'instrument excitateur fût en contact avec les nerfs cruraux, et que l'on opérât dans le voisinage, mais non au contact, du conducteur d'une machine électrique en activité.

Bien que très-remarquables par la précision expérimentale, ces premières recherches n'apportèrent pas grand bénéfice à la science, car elles ne constituent, en réalité, qu'une étude minutieuse, et d'ailleurs fort exacte, des effets du *choc en retour* excité dans le corps des animaux.

Galvani expérimenta ensuite, dans la même vue, les différentes sources d'électricité que l'on connaissait alors : l'électricité positive ou négative dégagée par la machine électrique ; l'électricité fournie par la bouteille de Leyde, par les jarres électriques, et par l'électrophore. Les résultats furent constamment les mêmes : les contractions survenaient toujours dans les membres inférieurs de la grenouille, au moment même où le fluide naturel se recombinait subitement dans le corps de l'animal par la décharge, à distance, de l'appareil électrique.

Ayant ainsi épuisé, à ce point de vue, l'étude des sources d'électricité artificielle, Galvani voulut connaître l'influence qu'exercerait sur le même phénomène l'électricité naturelle, c'est-à-dire celle qui est accumulée dans la masse des nuages orageux. Le choc en retour se manifeste avec une imposante grandeur pendant la décharge électrique d'un nuage annoncée par un coup de foudre. Mais il se produit aussi, seulement avec moins d'intensité, au moment de l'apparition d'un éclair non accompagné de tonnerre. On trouvait donc, dans ce dernier phénomène, le moyen d'étudier sur une grande échelle l'influence, sur les mouvements convulsifs de la grenouille, du choc en retour provoqué par l'électricité naturelle.

Sans se laisser arrêter par les dangers d'une tentative où l'infortuné Richmann avait trouvé une fin tragique, Galvani n'hésita pas à exposer sa vie pour enrichir la science de quelques résultats nouveaux. Au sommet de sa maison, il fit élever une tige de fer pointue dressée verticalement. Un fil métallique, partant de cette tige, conduisait dans son laboratoire l'électricité empruntée à l'atmosphère. L'extrémité de ce fil, recourbée en crochet, passait dans la masse des muscles et des nerfs lombaires d'une grenouille préparée, qui s'y trouvait suspendue.

On constata ainsi, plus d'une fois, qu'au moment où l'éclair apparaissait, de violentes contractions saisissaient les muscles de l'animal. Souvent même elles apparaissaient sans que l'éclair brillât aux nues, et par un ciel sombre et nuageux ; seulement les *éclairs de chaleur* n'agissaient jamais sur ce nouvel et curieux électroscope.

On ne peut lire, sans frémir de crainte pour le courageux physicien, les détails d'une expérience faite le 7 avril 1786, et consignée dans ses cahiers manuscrits : Galvani serrait entre ses mains la tige du conducteur atmosphérique isolé, au moment même où la foudre éclatait dans le ciel.

Fig. 316. — Galvani provoque les contractions de la grenouille au moyen de l'électricité d'un nuage orageux.

Ayant de cette manière, soumis à ses expériences l'électricité d'une atmosphère orageuse, Galvani fut pris du désir d'éprouver aussi la puissance électrique de l'air pendant un jour serein.

C'est en exécutant cette série d'expériences, dernier anneau d'une chaîne d'études qui, l'occupaient depuis six ans, et grâce à sa louable persévérance dans l'étude d'un même phénomène, que le physicien de Bologne vit couronner ses efforts du plus merveilleux succès. C'est ainsi, en effet, qu'il fut conduit à l'observation qui constitue réellement sa découverte fondamentale, celle qui a servi d'origine et de point de départ à la création de la pile de Volta. Preuve brillante et nouvelle que le génie ne consiste souvent que dans la poursuite attentive et intelligente de la même pensée !

Le 20 septembre 1786, Galvani, pour étudier l'influence de l'électricité atmosphérique sur les mouvements de la grenouille par un temps calme, prépara, comme à l'ordinaire, un de ces animaux, et, après lui avoir passé un crochet de cuivre à travers la moelle épinière, il le suspendit à la balustrade de fer qui bordait la terrasse du palais Zamboni, qu'il habitait.

Fig. 317. — Galvani.

Il avait déjà tenté plusieurs fois sans aucun résultat la même expérience. De temps en temps il montait sur la terrasse, afin de noter, heure par heure, ce qui pouvait se passer. Vers la fin de la journée, fatigué de la longueur et de l'inutilité de ses observations, il saisit le crochet de cuivre implanté dans la moelle épinière de la grenouille, l'appliqua contre la balustrade, qu'il frotta vivement, au moyen de ce crochet, comme pour rendre le contact plus intime entre les deux métaux. Aussitôt les membres inférieurs de l'animal entrèrent en contraction, et ces mouvements musculaires se reproduisaient à chaque nouveau contact du crochet de cuivre et de la balustrade de fer. Cependant le temps était serein ; rien n'indiquait la présence de l'électricité libre dans l'atmosphère[6].

Le fait observé sur la terrasse du palais Zamboni était le plus important, le plus fécond de tous ceux que Galvani avait découverts depuis l'origine de ses travaux : c'était l'éclair qui venait de briller dans la nuit des phénomènes obscurs dont il cherchait depuis six ans à dissiper les ténèbres. Ici, en effet, les contractions organiques avaient été obtenues sans le secours d'aucun appareil électrique placé dans le voisinage. L'atmosphère était calme, les instruments qui servent à déceler la présence du fluide électrique dans l'air, constataient l'absence de toute électricité extérieure. Le phénomène observé sur la grenouille était donc bien une *contraction propre*, indépendante de toute cause externe ; il provenait, sans nul doute, d'une force particulière à la grenouille. Ainsi, cette*électricité animale*, que Galvani avait toujours soupçonnée, existait réellement, et les vues théoriques qui l'avaient engagé dans une si longue carrière de recherches, jusque-là infructueuses, étaient sur de point de recevoir une confirmation éclatante.

Dans la vérification d'un fait qui flattait si largement ses désirs, Galvani procéda avec sa méthode et sa prudence accoutumées. Il craignit d'abord que l'effet qu'il avait observé ne provînt de ce que les barreaux de fer de la terrasse, exposés depuis longues années aux vicissitudes de l'air, eussent pris un état électrique permanent, ainsi qu'il arrive aux pièces de fer de nos constructions, qui, depuis longtemps placées dans une situation fixe et dans un certain plan du méridien du globe, finissent par acquérir un état persistant de magnétisme et, partant, d'électricité. Pour lever ses doutes à cet égard, il répéta de point en point la même expérience dans son laboratoire, en substituant seulement au fer rouillé des barreaux de la terrasse, une lame de fer polie, à surface nette et brillante. Il suspendit donc à une tige de fer une grenouille fraîchement préparée, et passa un petit crochet de cuivre à travers la masse des muscles lombaires et des faisceaux de la moelle épinière. Dès que le crochet de cuivre vint à toucher la lame de fer, les contractions se reproduisirent, telles qu'il les avait observées sur la terrasse.

Fig. 318. — Galvani provoque les contractions de la grenouille au moyen d'un arc métallique.

Cette observation était capitale. C'est par cette expérience que Galvani pénétra dans un ordre de faits entièrement nouveau. IL ne pouvait mettre en doute, après toutes ses recherches antérieures, que les contractions de la grenouille ne fussent provoquées par un mouvement du fluide électrique. Mais jusque-là il avait cherché la cause de ces contractions dans une influence électrique extérieure. Ici la source étrangère d'électricité n'existait plus, et le fait se trouvait réduit à ces deux termes simples : un arc métallique en contact par l'une de ses extrémités avec les nerfs de la grenouille, et par l'autre extrémité avec son système musculaire.

Animé, par ce brillant succès, d'une ardeur toute nouvelle, soutenu par l'espoir d'arriver enfin à l'entière démonstration de la grande idée théorique qui avait présidé aux travaux de presque toute sa carrière, Galvani se disposa à examiner avec la plus grande rigueur les nouveaux phénomènes qui s'offraient à ses méditations. Au début de ses recherches, à travers l'obscurité des phénomènes complexes dont il avait le premier interrogé les mystères, il avait dévié de la bonne route et employé six années en investigations infructueuses.

« Maintenant que le succès lui paraît assuré, dit M. le professeur Gavarret, dans un discours prononcé, en 1848, à la Faculté de médecine de Paris, sur les travaux de Galvani, il va redoubler de rigueur dans le choix de ses expériences et dans la manière de les instituer ; il va s'entourer de nouvelles précautions pour se mettre en garde contre l'entraînement ; car, dit-il, facile est in*experiundo decipi, et quod videre et invenire optamus id vidisse et invenisse arbitrari.* »

Galvani employa successivement une foule de substances solides et liquides, et même des parties animales à l'état frais, pour former l'arc destiné à exciter les contractions de la grenouille. Il démontra, par cette série d'expériences, que toute substance peut servir à composer un arc excitateur de ce genre, pourvu qu'elle conduise facilement l'électricité. Il signala les métaux comme les corps qui provoquent le mieux les contractions musculaires, et l'on peut noter qu'il rangea sous ce rapport les métaux dans l'ordre même qui leur a été assigné depuis par les physiciens qui ont le mieux étudié la conductibilité électrique. Quand il opérait avec un arc composé, en tout ou en partie, d'une matière non conductrice, la contraction n'apparaissait point.

Galvani trouva que, pour donner toute l'amplitude possible au phénomène de la contraction animale, il fallait entourer les nerfs lombaires de la grenouille d'une feuille d'étain, les muscles de la jambe d'une feuille d'argent, et établir, au moyen d'un fil de cuivre, la communication entre ces deux armatures métalliques.

L'expérience ainsi disposée prenait un développement qui démontre bien l'extraordinaire sensibilité du corps d'une grenouille récemment tuée pour accuser la présence du fluide électrique.

Lorsque Galvani touchait avec un fil de cuivre l'armature d'étain, qu'une autre personne touchait avec un fil de cuivre l'armature d'argent, et que les deux opérateurs joignaient leurs mains libres, les contractions survenaient aussitôt. Après avoir parcouru tout cet énorme circuit, l'électricité était donc encore accusée par le corps de la grenouille, qui nous apparaît ainsi comme l'électroscope le plus sensible dont les physiciens puissent faire usage.

Appuyé sur ces faits, et sur plusieurs autres que nous négligerons ici, Galvani crut avoir mis hors de doute la certitude de la théorie qui avait servi de point de départ à ses recherches, c'est-à-dire l'existence d'une électricité propre à l'organisme vivant. Il formula définitivement cette pensée, et lui donna pour ainsi dire une expression physique, en posant en principe que *le corps des animaux est une bouteille de Leyde organique.*

Mais, pour vérifier cette hypothèse hardie, pour démontrer la justesse de cette assimilation, il fallait prouver que dans le corps des animaux il y a, comme dans une bouteille de Leyde, deux électricités contraires, et confinées chacune en un lieu séparé ; ce qui les empêche de se recombiner, et ne permet cette recomposition que dans certaines conditions physiques.

Pour démontrer la présence, dans le corps des animaux, de deux électricités contraires et localisées séparément, Galvani multiplia vainement ses tentatives. Il jugea néanmoins pouvoir passer outre, et, abandonnant cette fois la route expérimentale pour se livrer aux seules inspirations de son génie, il formula ainsi définitivement sa pensée :

1° Le muscle est une bouteille de Leyde.

2° Le nerf joue le rôle d'un simple conducteur.

3° L'électricité positive circule de l'intérieur du muscle au nerf, et du nerf au muscle à travers l'arc excitateur.

De nombreux physiciens se sont occupés, à notre époque, de l'étude des phénomènes électriques qui se manifestent dans le corps des animaux. MM. Matteucci, de La Rive, Du Boys-Raymond, ont mis hors de doute l'existence d'un courant propre dans les divers animaux, et la loi énoncée par Galvani, quant à la circulation de l'électricité positive de l'intérieur du muscle au nerf et du nerf au muscle, à travers l'arc excitateur, a reçu une confirmation complète.

« Galvani, dit M. Gavarret, dans le discours que nous avons déjà cité, sentait tout ce qu'il y avait d'extraordinaire et d'audacieux dans cette assimilation d'un muscle à une bouteille de Leyde. Il s'arrête longtemps sur cette proposition, il y revient, avec une sorte de complaisance, dans plusieurs passages de ses ouvrages ; il ne veut pas qu'on puisse la considérer comme une hypothèse dénuée de fondement. Il rappelle le phénomène bien connu de la distribution de l'électricité à la surface de la tourmaline ; il fait remarquer que ce minéral est composé de deux substances, l'une fortement colorée et transparente, l'autre opaque, plus pâle et disposée en stries. Il fait dépendre sa polarité électrique de cette texture particulière, et dès lors il ne trouve plus de difficulté à admettre qu'un muscle puisse, lui aussi, contenir les deux électricités séparées. Assemblage de nerfs, de faisceaux cellulaires, de fibres propres, et de vaisseaux sanguins entrelacés dans toutes les directions, le muscle lui parait bien mieux disposé que la tourmaline pour accumuler l'électricité positive à l'intérieur et la négative à l'extérieur. En l'absence d'expériences directes, il était difficile de se montrer plus ingénieux dans ses rapprochements et plus pressant dans l'argumentation.

« D'ailleurs, ajoute-t-il, de quelque manière que cela se passe, il y a une telle identité apparente de causes entre la décharge de la bouteille de Leyde et nos contractions musculaires, que je ne puis détourner mon esprit de cette hypothèse et de cette comparaison, ni m'empêcher d'assigner une même cause à ces deux ordres de phénomènes. »

Jusqu'à 1791 Galvani, occupé depuis onze années à des expériences exécutées sans relâche, n'avait encore donné au monde savant aucun exposé de ses travaux. Ce n'est qu'après ce long intervalle qu'il se décida à livrer ses idées au public. Il consigna l'ensemble de ses découvertes dans un travail admirable de clarté, de précision, de méthode et de style, qui fut inséré dans les*Mémoires de l'Académie de Bologne*[7].

Le travail de Galvani, *De viribus electricitatis in motu musculari*, est divisé en deux parties : la première contient l'exposé descriptif des phénomènes que sa merveilleuse sagacité lui avait permis d'observer ; la seconde renferme les conclusions générales qu'il déduit de ses expériences, avec l'hypothèse qu'il propose, tant pour expliquer les faits déjà acquis, que pour ouvrir la voie à des découvertes nouvelles : « *Novis capiendis experimentis viam sternamus aliquam.* »

Ce mémoire de l'illustre anatomiste de Bologne est une des œuvres capitales du XVIIIe siècle. L'*électricité statique*, c'est-à-dire l'électricité en repos, celle qui est fournie par les machines à frottement, était la seule que les physiciens eussent connue jusqu'à cette époque. C'est grâce aux recherches de Galvani que l'*électricité dynamique*, c'est-à-dire l'électricité en mouvement, s'est révélée pour la première fois à l'observation des hommes qu'elle devait enrichir de tant de conquêtes et de bienfaits inespérés. On a donc eu grand tort, dans notre siècle, de rabaisser le génie de Galvani devant celui de Volta. Sans la sagacité merveilleuse avec laquelle Galvani poursuivit pendant onze années consécutives l'un des problèmes les plus compliqués que la science ait jamais abordés, nous ne connaîtrions pas encore la plus générale, la plus puissante peut-être de toutes les forces physiques, c'est-à-dire l'électricité en mouvement.

CHAPITRE II

LUTTE ENTRE GALVANI ET VOLTA. — THÉORIE DE VOLTA SUR L'ÉLECTRICITÉ MÉTALLIQUE ET LE DÉVELOPPEMENT DE L'ÉLECTRICITÉ PAR LE CONTACT DES MÉTAUX. — EXPÉRIENCES DE GALVANI OPPOSÉES À CELLES DE VOLTA. — THÉORIE CHIMIQUE DE FABRONI. — TRAVAUX DES ITALIENS ET DES ALLEMANDS SUR LE GALVANISME. — RÉPÉTITION DES EXPÉRIENCES DE GALVANI ET DE HUMBOLDT À PARIS. — INCERTITUDE DES SAVANTS ENTRE CES THÉORIES OPPOSÉES. — CONSTRUCTION DE LA PILE ÉLECTRIQUE PAR VOLTA.

La publication du travail de Galvani produisit dans l'Europe savante une sensation profonde. Les phénomènes annoncés par l'expérimentateur de Bologne, les déductions qu'il en tirait, l'hypothèse qu'il avait admise, tant pour les coordonner que pour ouvrir la voie à de nouvelles recherches, furent le sujet de longues et vives discussions. Les physiologistes et les physiciens mirent un grand empressement à vérifier ces faits inattendus, et l'on en vit bientôt sortir d'importantes conséquences.

Les physiologistes entrèrent les premiers dans cette voie. Presque tous admirent la théorie de Galvani, qui donnait le moyen de résoudre ce grand problème de la sensibilité vitale que les siècles avaient laissé en suspens.

Jean Aldini, professeur de physique à Bologne, et Georges Aldini, qui devint plus tard conseiller d'État du royaume d'Italie, tous les deux neveux de Galvani, appuyèrent les premiers, par des observations fondamentales, les opinions de leur oncle. Un autre physicien, Eusèbe Valli, de Pise, qui expérimentait de concert avec Muscati, se joignit bientôt à ces premiers défenseurs de la doctrine bolonaise. L'ingénieux Fontana, professeur à Pise, enfin Giulio et Rossi, à Turin, continuèrent ces études par des expériences purement physiologiques, qui tendaient à prouver l'existence de l'électricité animale et à justifier l'assimilation de l'action nerveuse aux effets de la bouteille de Leyde.

La découverte de Galvani fut annoncée en Allemagne par la *Gazette médico-chirurgicale* du professeur Jacob Ackermann, de Mayence[8]. Er[9], Smuck[10], et bientôt après, Gren, professeur à Halle, répétèrent les expériences de Galvani, en employant l'argent et le zinc comme armature des nerfs et des muscles de la grenouille[11].

L'anatomiste Sœmmering, Wilhelm Behrends, de Francfort, et Kielmayer, professeur à Stuttgard, continuèrent les expériences commencées en Italie par Fontana, Giulio et Rossi.

Le but de ces divers expérimentateurs était d'appliquer à la médecine les données nouvelles résultant des travaux de Galvani, qui avait le premier donné le signal de ce genre d'application dans le traitement des paralysies. Le professeur Gaspard Crève, de Mayence, et d'autres expérimentateurs, tels que Klein, Alexandre Monro, Fowler, George Hunter, Berlinghieri et Pignotti, poursuivirent les mêmes tentatives.

Mais les adversaires des idées de Galvani ne tardèrent pas à se produire. Reil, en Allemagne, fut le premier qui se prononça contre la théorie de l'anatomiste de Bologne[12]. Il attribua les contractions musculaires de la grenouille aux métaux employés, mais en accordant toutefois une certaine part à la sensibilité organique. Pfaff, professeur à Stuttgard, observateur d'un vrai mérite, fut un adversaire plus sérieux pour Galvani[13].

L’opposition que rencontraient les idées de Galvani, et les expériences qu’on lui opposa pendant les quatre années qui suivirent la publication de son ouvrage, ne sortaient pas, en général, du domaine de la physiologie. C’est dans le camp des physiciens qu’il allait trouver ses plus redoutables contradicteurs.

Adoptée avec enthousiasme en Italie à la fois par les physiologistes et les physiciens, acceptée avec faveur par les naturalistes allemands, qui y trouvaient un prétexte d’accorder avec la physiologie leurs vagues spéculations métaphysiques, timidement combattue en France et en Angleterre, la théorie de Galvani faisait son chemin dans l’arène scientifique, lorsqu’un physicien d’Italie, Alexandre Volta, déjà connu par la découverte de l’électrophore, de l’eudiomètre et du condensateur, osa s’emparer des diverses objections précédemment élevées contre l’hypothèse de l’électricité animale, et les réduire en propositions simples. Dans les premiers travaux qu’il avait publiés sur l’électricité, Volta avait adopté sans réserve les opinions de son célèbre compatriote ; mais bientôt, changeant de rôle, il s’en fit l’adversaire déclaré[14].

Galvani avait fort bien reconnu, et il le dit très-nettement dans son livre, que l’on pouvait expliquer les contractions musculaires de la grenouille, provoquées par un arc métallique, au moyen de deux théories différentes ; que l’électricité développée dans ce cas pouvait avoir son origine dans le corps de l’animal, ou provenir du métal même[15]. Mais, à la suite de ses recherches, il avait rejeté, comme inadmissible, la pensée qui aurait fait attribuer au métal la cause productrice de l’électricité. L’opinion que Galvani avait cru devoir abandonner, fut précisément celle dont Volta s’empara, et dont il se fit une arme pour battre en brèche l’édifice laborieusement élevé par l’anatomiste de Bologne.

Fig. 319. — Volta.

Partant de ce fait, annoncé et bien des fois vérifié par Galvani, que l'arc métallique excitateur provoque beaucoup plus facilement les contractions lorsque cet arc est formé de deux métaux différents que quand il se compose d'un métal unique, Volta fit jouer un rôle capital, pour l'explication du phénomène, à cette hétérogénéité du conducteur. D'après ses vues, d'abord vaguement énoncées, mais bientôt appuyées de preuves qui parurent alors sans réplique, Volta formula ainsi sa théorie physique du phénomène de la contraction musculaire de la grenouille, pour l'opposer à la théorie physiologique de son adversaire :

Lorsque deux métaux différents sont en contact l'un avec l'autre, par suite de ce contact, par l'effet de cette hétérogénéité de nature, il y a développement d'électricité.

Pour bien établir dans les mots la différence d'interprétation qu'il voulait porter dans les choses, Volta appela toujours *électricité métallique* ce que Galvani avait désigné dans ses mémoires sous le nom d'*électricité animale.*

Quand on se trouvait disposé à admettre, sans autre examen, cet étrange principe, que le simple contact de deux métaux différents est une cause de production d'électricité, l'explication des phénomènes découverts par Galvani devenait chose simple. Lorsque l'arc métallique qui unissait les muscles lombaires aux nerfs cruraux, était formé de deux métaux, ces deux métaux, selon Volta, dégageant de l'électricité par leur simple contact, le fluide électrique, ainsi développé, passait dans les organes de la grenouille, et y provoquait ces contractions tétaniques qu'il a le privilège d'y exciter. Si, au contraire, l'arc excitateur était formé d'un seul métal, c'était alors la différence des humeurs imbibant les muscles et les nerfs, qui engendrait cette même force électromotrice.

Ainsi, Volta prenait le contre-pied de la théorie de Galvani. Pour l'anatomiste de Bologne, la source de l'électricité, c'était le muscle ; l'arc métallique provoquant les contractions ne remplissait d'autre rôle que celui de conducteur, et la cause réelle et directe des mouvements convulsifs de l'animal, c'était le courant électrique qui s'élançait du muscle au nerf et du nerf au muscle, à travers l'arc métallique. Pour le physicien de Pavie, au contraire, la cause productrice de l'électricité résidait dans le contact des parties hétérogènes, et la contraction musculaire provenait de l'irritation des nerfs par le passage du courant électrique engendré par ce contact.

Galvani défendit pendant six années, sa théorie de l'électricité animale contre les objections incessantes de son adversaire. La mémorable lutte scientifique qui s'établit entre ces deux grands esprits, vivra à jamais dans l'histoire de la science, tant pour l'importance des questions discutées, que pour la convenance et la dignité des formes qui furent observées par les deux adversaires pendant cette longue controverse.

Les réponses de Galvani aux objections de Volta sont contenues dans une*Lettre à Carminati*, qui parut en 1792 ; dans un mémoire anonyme de Galvani, d'une très-grande importance, publié en 1794, *sur l'usage et l'activité de l'arc conducteur dans les contractions musculaires* ; enfin, dans cinq mémoires adressés par lui, en 1797, à l'illustre Spallanzani. Ses neveux, les deux Aldini, prirent aussi une certaine part à cette mémorable polémique.

Comme on vient de le voir, Volta plaçait la source de l'électricité dans le contact des substances hétérogènes ; Galvani mit tous ses efforts à prouver que cette hétérogénéité n'était nullement nécessaire pour provoquer les contractions. Les expériences par lesquelles Galvani chercha à établir cette vérité furent nombreuses et sans réplique. Ce sont encore les preuves les plus frappantes que l'on puisse invoquer aujourd'hui pour démontrer l'existence de l'électricité animale.

Galvani fit d'abord remarquer que, si l'hétérogénéité de l'arc ajoute, il est vrai, à l'intensité de la contraction organique, cette condition est loin d'être indispensable, car on obtient ces mêmes mouvements avec un arc composé d'un seul métal, tel qu'une lame d'or parfaitement pur et homogène. Il prouva ensuite qu'on peut se passer complètement de métaux pour composer un arc excitateur. Il démontra ce fait décisif en exécutant le premier la curieuse expérience qui a été depuis si souvent répétée dans les cours de physique médicale et qui consiste à produire des contractions musculaires chez les grenouilles sans l'emploi d'aucun métal.

On place une grenouille de manière que ses pattes et ses nerfs plongent séparément dans deux capsules de verre (matière isolante) remplies d'eau. On complète le circuit avec une carte à jouer mouillée, avec un morceau de peau ou de substance musculaire fraîche, en un mot, avec un conducteur quelconque non métallique, et toujours la contraction musculaire apparaît au moment où l'on complète le circuit.

Cette expérience mettait évidemment hors de cause l'hétérogénéité métallique comme source de l'électricité observée, puisque des contractions étaient obtenues dans les muscles de la grenouille sans que l'on fît usage d'un métal.

À une expérience si concluante, Volta fit une réponse qui parut plausible, bien qu'elle ne constituât qu'une véritable argutie. Il prétendit qu'au point de contact de l'animal et de l'arc, de quelque nature que fût ce dernier, il y avait hétérogénéité de matière, et que cette cause devait suffire pour provoquer les faibles effets électriques qui se manifestent dans ce cas.

Galvani fit à cette objection la plus belle réponse. Il prépara une grenouille à la manière ordinaire, isola le nerf, le sépara de la moelle épinière, et ramena la partie libre de ce nerf sur les muscles de la cuisse. Ainsi, c'était bien le nerf qui établissait la communication entre la partie interne et la surface externe du muscle, sans l'emploi d'aucun corps conducteur étranger, et l'homogénéité était complète entre tous les éléments de l'arc. La contraction musculaire se manifesta pourtant dès que le circuit fut établi au moyen du nerf posé sur la cuisse.

Enfin, pour lever tous les doutes à cet égard, et obtenir un arc excitateur formé de parties absolument homogènes, Galvani fit la dernière expérience que voici et que les physiologistes de nos jours ont beaucoup variée.

Une cuisse de grenouille munie de son nerf recourbé en demi-cercle, fut placée sur un plateau isolant. Dans le voisinage et sans communication avec la première, il disposa une seconde cuisse dont il laissa tomber le nerf recourbé sur le nerf de la première grenouille. De cette manière, aux deux points de contact, il n'y avait que de la substance nerveuse. Tout était donc homogène. Cependant, au moment où les deux circuits furent ainsi formés, les deux cuisses se contractèrent énergiquement.

Il était impossible, après de tels résultats, de mettre en doute l'existence d'une électricité animale. Les travaux des physiologistes qui, de nos jours, ont si minutieusement étudié, sous toutes ses faces, le phénomène du *courant électrique propre* de la grenouille, ont démontré toute l'exactitude des faits découverts par Galvani.

L'anatomiste de Bologne sortit donc victorieux de sa lutte avec le physicien de Pavie, bien qu'un grand nombre de savants aient voulu de son temps, et même beaucoup plus tard, contester sa victoire.

Après l'opposition des physiciens, Galvani eut à essuyer celle des chimistes. En 1792, Fabroni, chimiste florentin, doué d'une sagacité profonde, éleva contre la théorie de Galvani des objections qui la frappaient au cœur, et qui, si elles eussent été poursuivies avec persévérance, auraient donné la clef de ces phénomènes tant discutés. Dans le mémoire présenté par Fabroni, en 1792, à l'Académie de Florence, on trouve le germe de la théorie chimique de la pile, à laquelle se sont ralliés presque tous les physiciens modernes, et qui explique en même temps le phénomène de la contraction musculaire des grenouilles[16].

Fabroni entrevit fort bien, malgré l'état encore si peu avancé de la chimie à son époque, que la véritable source de l'électricité dans les expériences de Galvani, était l'action chimique exercée par l'oxygène de l'air sur les métaux en contact, quand l'arc excitateur est formé de deux métaux différents, ou l'actionchimique des liquides du corps de l'animal sur le métal de l'arc excitateur, quand le conducteur est unique.

Observateur d'un rare mérite, Fabroni avait été frappé de plusieurs phénomènes qui lui servirent à se rendre compte chimiquement des effets du galvanisme. Il avait remarqué que les métaux purs sont généralement à l'abri de l'action de l'oxygène de l'air ; tandis que les métaux impurs, déjà un peu oxydés ou engagés dans des alliages, s'oxydent avec la plus grande rapidité. Il avait vu, dans le Musée de Cortone, des inscriptions étrusques gravées sur le plomb pur qui avaient résisté à l'action des siècles, tandis que les médailles des papes, conservées dans la galerie de Florence, et qui sont formées d'un alliage de plomb, d'antimoine et d'arsenic, étaient tombées en poussière. Il avait observé que des feuilles de cuivre, attachées entre elles au moyen de clous de fer, finissaient, au bout de quelque temps, par être tellement rongées au contact de ce dernier métal, que la tête du clou ne retenait plus la feuille. Il savait que le mercure chimiquement pur, malgré une très-longue exposition à l'air, conserve tout son éclat, tandis que le même métal, allié avec la plus faible quantité d'étain, se recouvre promptement à l'air d'un voile d'oxyde. Il avait observé que l'étain pur, exposé à l'air, y demeure brillant pendant des années, tandis que des alliages d'étain qu'il avait employés dans un but industriel s'oxydaient au bout de quelques jours. Il savait, enfin, que l'alliage de plomb et d'étain, qui porte le nom de *soudure des plombiers*, est infiniment plus oxydable à une température élevée que le plomb et l'étain pris isolément. De l'ensemble de ces faits, Fabroni avait déduit les deux corollaires suivants :

Les métaux, même les plus oxydables, pris à l'état de pureté parfaite, ne se combinent que très-difficilement avec l'oxygène de l'air ou de l'eau. Mais, au contraire, lorsque deux métaux inégalement oxydables sont alliés entre eux, ou seulement placés en contact l'un avec l'autre, le métal le plus oxydable se combine rapidement avec l'oxygène de l'air ou de l'eau.

Pour expliquer ce fait général, résultat positif et incontesté de l'observation, Fabroni posait en principe que le contact des corps de nature différente provoque entre eux une action chimique réciproque. Par suite de la tendance mutuelle à se combiner que présentent les deux corps mis en présence, la cohésion, force inverse et opposée à celle de l'affinité, est amoindrie en proportion de l'intensité de l'attraction chimique qui s'exerce entre ces deux corps. Ainsi le contact de deux substances, de deux métaux par exemple, a pour résultat de favoriser l'action chimique, absolument comme le fait le calorique, c'est-à-dire en diminuant la cohésion. Fabroni expliquait de cette manière le fait de l'oxydabilité des alliages qui est plus grande que celle des métaux pris isolément, la corrosion rapide des clous de fer qui servent à rattacher les feuilles de cuivre des navires, etc. Il pensa donc que, dans les expériences de Galvani, les liquides contenus dans le corps des animaux oxydaient l'arc métallique excitateur simple ou composé, et que cette action chimique avait pour résultat de produire les effets électriques observés[17].

Ainsi, dès l'année 1792, le chimiste florentin avait mis le doigt sur la véritable cause des phénomènes du galvanisme. Il réfutait à la fois Volta et Galvani, et donnait dès cette époque l'explication rationnelle des effets chimiques du galvanisme, qui n'a été admise que cinquante ans après lui. Mais, soit que les opinions de Fabroni fussent trop avancées pour son temps, soit qu'il les eût embarrassées d'explications oiseuses, elles n'excitèrent aucune attention. La lutte était si vivement engagée entre les Voltaïstes et les Galvanistes, qu'il fallait, pour être écouté, se ranger sous l'un des deux drapeaux. Fabroni, qui attaquait à la fois les idées de Galvani et celles de Volta, avait peu de chances d'être compris. Aussi ses travaux ne furent-ils accueillis partout, même en Italie, qu'avec un froid dédain.

Il s'était formé, en 1793, dans l'Université de Bologne, sous la direction d'Aldini, une Société scientifique, dont tous les travaux étaient dirigés contre ceux de Volta. Fontana, Bassiano, Carminati et Carvadori, professeurs de Pavie, en avaient fondé une autre, dans cette dernière Université, contre les Galvanistes. Sous l'inspiration de Cavallo, de pareilles associations s'établirent en Angleterre en faveur de Volta[18]. Pendant cinq ans, en un mot, l'Europe scientifique se rangea sous l'une ou l'autre de ces bannières opposées. Mais les résultats qui, dans cette période, furent acquis à la science, ne répondirent pas à l'ardeur doctrinale qui les avait inspirés, et avancèrent peu la question, au moins sous le rapport théorique.

Parmi les physiciens dont les travaux furent remarqués dans la mémorable lutte engagée entre Galvani et Volta, il faut distinguer surtout Alexandre de Humboldt. L'ouvrage de ce savant, *Expériences sur le galvanisme*, traduit en français en 1799, avait paru en Allemagne bien avant cette époque ; il contient une foule d'observations intéressantes[19]. Personne, avant de Humboldt, n'avait appliqué l'arc de Galvani sur un grand nombre d'animaux différents, et sur les diverses parties du corps de ces animaux. De Humboldt découvrit l'action que le courant électrique exerce, chez les animaux vivants, sur les mouvements contractiles des intestins et sur les pulsations du cœur. Dans son zèle pour la science, ce courageux expérimentateur n'hésita pas à se faire enlever l'épiderme par des vésicatoires, afin d'appliquer l'arc métallique sur des parties plus internes du corps mises à nu. Il obtint des résultats curieux relativement à l'influence exercée par le courant électrique sur les sécrétions des plaies formées par les vésicatoires.

Fig. 320. — Hallé et de Humboldt répétant les expériences de Galvani et de Volta.

De Humboldt étudia avec le plus grand soin le fait, découvert par Galvani, de la contraction musculaire de la grenouille obtenue en repliant ses jambes, de manière à les mettre en contact avec ses nerfs lombaires. Il découvrit aussi ce fait remarquable, que l'on peut obtenir les contractions de la grenouille, en touchant son nerf lombaire, sur deux points différents, avec un morceau de substance musculaire pris sur le même animal vivant.

Les *Lettres sur l'électricité animale*, adressées en 1792 à Desgenettes et de La Métherie par Valli, de Pise, contiennent des expériences qui méritent encore d'être signalées parmi les travaux de cette époque.

L'*Essai théorique et expérimental sur le galvanisme*, par Jean Aldini, sur lequel nous aurons à revenir plus tard, renferme encore beaucoup d'observations intéressantes, et en particulier, ce fait curieux, que l'on peut exciter des contractions dans une grenouille préparée et tenue à la main, quand on plonge ses nerfs dans l'intérieur d'une blessure faite dans les muscles d'un autre animal vivant.

Dans l'ouvrage de Fowler *sur le galvanisme*, on trouve beaucoup d'observations pleines d'intérêt sur les sensations provoquées par le passage du courant électrique dans les animaux ; sur l'influence du froid et de la chaleur ; sur l'irritabilité musculaire excitée par l'électricité ; sur la reproduction de la substance nerveuse : sur l'action de certains poisons dans le phénomène de la contraction musculaire, etc.[20].

Un long mémoire lu à l'Institut le 26 frimaire an IX, par un physiologiste français, Lehot, contient aussi des résultats très-importants concernant les effets du galvanisme sur le système nerveux.

En 1798, malgré les orages politiques du temps, l'Académie des sciences de Paris voulut connaître et apprécier par elle-même les expériences de l'école bolonaise. Un comité de ce corps savant, composé de Guyton-Morveau, Fourcroy, Hallé, Coulomb, Vauquelin, Sabatier, Pelletan et Charles, fut chargé de répéter ces expériences et de faire un rapport détaillé sur les nouvelles découvertes du galvanisme. Hallé s'occupa particulièrement de cette vérification. Il répéta toutes les expériences d'Alexandre de

Humboldt, de concert avec ce savant lui-même, qui s'était rendu à Paris dans ce but. La commission de l'Académie, qui envisagea ce sujet presque exclusivement sous le rapport physiologique, donna de grands éloges aux découvertes de Galvani et aux expériences d'Alexandre de Humboldt. Les mêmes expériences furent répétées en Allemagne par un grand nombre de physiologistes ; Pfaff, qui s'en occupa particulièrement, combattit quelques assertions d'Alexandre de Humboldt.

Fig 321. — Alexandre de Humboldt.

Le galvanisme trouvait pourtant beaucoup de partisans enthousiastes en Allemagne, où l'on n'hésitait pas à le considérer comme une nouvelle branche de la philosophie naturelle. Dans deux mémoires publiés de 1797 à 1798, le docteur J. L. Reinhold avait admis qu'un fluide particulier, analogue, mais non identique à l'électricité, circule dans les nerfs des animaux, et provoque les contractions musculaires. Le chimiste J. W. Ritter, bien connu par ses admirables recherches sur les précipitations métalliques, s'occupa du même sujet, dans un ouvrage publié à Weimar, en 1798, où il s'efforça d'établir l'universalité du galvanisme, en s'appuyant sur un ensemble d'idées philosophiques particulières, d'un ordre entièrement métaphysique, et dont ses compatriotes eux-mêmes ne purent réussir à démêler le sens. À Brème, le professeur G. R. Treviranus publia des expériences relatives à l'action du galvanisme sur les plantes, et au phénomène de la contraction musculaire chez les animaux. En un mot, toute l'Allemagne savante s'occupait alors avec ardeur d'études expérimentales sur ce sujet. Un grand nombre d'opinions contradictoires se faisaient jour pour l'explication des faits secondaires, et bien que la théorie de Galvani, quant à l'existence d'un fluide électro-nerveux chez les animaux, fût généralement admise, on peut dire qu'il y avait alors en Allemagne, autant d'opinions que d'expérimentateurs.

Ainsi, jusqu'à la fin de l'année 1799, ni la théorie de Galvani, ni celle de Volta n'avait réussi à fixer la victoire de son côté. Quant aux idées de Fabroni, on ne daignait pas même les discuter. Elles étaient pourtant autrement précises, autrement concluantes que celles de Volta, fondées, comme nous l'avons déjà dit, sur un principe inintelligible et sur des expériences inexactes ; elles étaient bien plus positives que celles de Galvani, qui s'appuyaient sur la donnée, éternellement insaisissable, de la vie.

Telle était la situation des esprits, et l'irrésolution générale des doctrines, lorsque Volta, par un véritable coup de maître, parvint à remporter l'un des triomphes les plus éclatants dont l'histoire des sciences conserve le souvenir. C'est alors qu'il imagina l'appareil admirable qui porte son nom. Cette découverte brillante coupa court à toute discussion, à toute controverse. Elle fixa avec tant d'autorité les idées et la faveur du monde savant, que tout ce qui se rapportait aux opinions de Galvani, perdit immédiatement son prestige ; si bien que, jusqu'à cinquante ans après cette époque, personne parmi les physiciens ne se hasarda plus à prononcer le nom d'électricité animale.

Comment Volta parvint-il à cette découverte si justement admirée, et par quelles observations y fut-il conduit ?

Après avoir renoncé à sa chaire de Pavie, Volta s'était retiré à Côme, sa ville natale, pour se consacrer tout entier à ses travaux de recherches. Dans une expérience, bien célèbre et pourtant inexacte, il avait constaté que deux disques de zinc et d'argent isolés par une tige de verre et mis en contact, puis séparés aussitôt, se chargeaient dune certaine quantité d'électricité, appréciable par le condensateur et l'électroscope à feuilles d'or. Mais la quantité d'électricité développée par ce simple contact de deux métaux était si faible, qu'il importait d'en augmenter la tension en réunissant plusieurs couples de ces disques métalliques ainsi électrisés par le contact. C'est en rassemblant plusieurs de ces couples, dans le but d'augmenter l'intensité des effets électriques dus au contact, que Volta construisit la première pile qu'un physicien ait possédée. Il nous dit lui-même que telle fut l'origine de sa découverte :

« La preuve la plus frappante, dit Volta, du développement de l'électricité par le simple contact de deux métaux, c'est que, dans une de mes expériences où je me servais de plusieurs couples métalliques, j'obtins une tension électrique deux, trois ou quatre fois plus grande, selon que j'employais deux, trois ou quatre couples de zinc ou d'argent. C'est ce grand résultat qui, à la fin de l'année 1799, m'amena à la construction du nouvel appareil que je nommai *électro-moteur*, et que mes anciennes expériences ne m'avaient pas encore permis de découvrir. »

Fig. 322. — Volta construit en décembre 1799 l'électro-moteur

ou pile électrique.

C'est donc en voulant démontrer et confirmer le principe du développement de l'électricité par le contact, que Volta fut amené à construire l'instrument qui porte son nom.

Après avoir exposé les diverses péripéties à travers lesquelles les expérimentateurs ont passé pour arriver à la découverte de la pile de Volta, terminons en essayant de tirer, comme le chœur dans les tragédies antiques, la moralité qui découle de ce récit.

Citiùs emergit veritas ex errore quâm ex confusione[21], a dit Bacon. Jamais peut-être, dans les sciences, la vérité de cet axiome de l'auteur du *Novum Organum* n'a été mieux démontrée que par la découverte de la pile de Volta. Il est rigoureusement exact de dire que cette découverte a été le résultat d'une suite de hasards heureux du côté de Galvani, et d'erreurs de la part de Volta. Pour que Galvani fût mis sur la voie de l'existence de l'électricité animale, il a fallu que l'un de ses amis se trouvât occupé à des expériences électriques, pendant le temps et dans le laboratoire même où l'anatomiste de Bologne poursuivait de son côté, des expériences physiologiques. Il a fallu que les recherches anatomiques de Galvani portassent précisément sur les nerfs lombaires et les muscles cruraux de la grenouille, c'est-à-dire sur l'électroscope le plus sensible qui existe, et dont la propriété, sous ce rapport, était alors ignorée. Les préparations anatomiques de l'un des expérimentateurs s'étant trouvées, par la plus singulière des coïncidences, en présence des appareils électriques de l'autre, il a fallu encore que Galvani n'ait pas voulu se contenter, comme l'aurait fait à sa place tout autre physicien, de l'explication de ce phénomène par le *choc en retour*, qui en était pourtant la cause véritable. Enfin, comme si toutes ces rencontres bizarres, ces coïncidences étranges, ne suffisaient point, Galvani, poursuivant pendant six années la solution d'un problème déjà tout résolu pour ainsi dire, fut conduit par un hasard nouveau, à la découverte du fait fondamental qui devait donner naissance à l'électricité dynamique, c'est-à-dire les contractions propres de la grenouille, dont il fut inopinément le témoin sur la terrasse du palais Zamboni.

Après la part du hasard, du côté de Galvani, est venue, dans la découverte de la pile, la part des erreurs du côté de Volta. C'est par un enchaînement d'observations inexactes et de mauvaises interprétations des faits (on le verra plus clairement par la suite de ce récit), que Volta fut amené à construire son appareil. Il est bien extraordinaire qu'un physicien, partant d'une observation erronée, discutant cette observation avec de continuelles pétitions de principe, et appliquant, comme confirmation de ses idées, les mêmes raisonnements à la construction d'un instrument, ait fini par découvrir, en dépit de tout, le plus merveilleux appareil que la physique possède, par réaliser la plus étonnante conquête faite jusqu'à nos jours sur les forces naturelles qui régissent l'univers.

Mais remarquons-le, si Volta commit une erreur théorique qui n'a été bien reconnue qu'à notre époque, il ne tomba dans aucune confusion dans le classement et l'interprétation générale des phénomènes compliqués dont il embrassait l'étude. Il fut toujours logique et conséquent avec lui-même. Malgré les vices de son interprétation théorique, il eut le grand mérite de conserver intact l'ensemble synthétique des faits qu'il étudiait ; en un mot, il ne commit jamais de confusion expérimentale. Au contraire, Galvani et Fabroni étaient tombés dans la confusion : Galvani, en réunissant dans la même explication la contractilité organique des animaux et la source des effets électriques, deux phénomènes essentiellement différents et qui exigeaient chacun une étude spéciale et appropriée ; Fabroni, en voulant, à l'inverse, tout rapporter à l'action chimique, sans tenir aucun compte de l'électricité naturelle qui circule dans les corps des animaux, et en affirmant avec insistance que les convulsions musculaires de la grenouille pouvaient parfaitement s'expliquer par la seule action chimique entre les liquides animaux et l'arc excitateur. De quelque côté qu'elle vînt, cette confusion, si elle eût prévalu, aurait arrêté à jamais les progrès de la science. Volta, au contraire, sut éviter ce genre d'écueil, et il vit ses efforts couronnés d'un succès immortel.

CHAPITRE III

LETTRE D'ALEXANDRE VOLTA À SIR JOSEPH BANKS SUR LA CONSTRUCTION ET LES EFFETS DE LA PILE, OU ÉLECTRO-MOTEUR. — PREMIÈRES EXPÉRIENCES FAITES À LONDRES AU MOYEN DE LA PILE DE VOLTA. — DÉCOMPOSITION DE L'EAU PAR NICHOLSON

ET CARLISLE. — EXPÉRIENCES DE CRUIKSHANK, À WOOLWICH, SUR LA DÉCOMPOSITION DES SELS. — TRAVAUX DES PHYSICIENS ALLEMANDS, DE RITTER, SIMON, ETC. — PREMIÈRES RECHERCHES DE DAVY SUR LA PILE. — OBJECTIONS FAITES A VOLTA CONCERNANT LA THÉORIE DE L'**ÉLECTRO-MOTEUR.**

À sir Joseph Banks, président de la Société royale de Londres[22].

Côme en Milanais, ce 20 mars 1800.

« Après un long silence dont je ne chercherai pas à m'excuser, j'ai le plaisir de vous communiquer, Monsieur, et par votre moyen à la *Société royale*, quelques résultats frappants auxquels je suis arrivé en poursuivant mes recherches sur l'électricité excitée par le simple contact mutuel des métaux de différente espèce, et même par celui des autres conducteurs aussi différents entre eux, soit liquides, soit contenant quelque humeur à laquelle ils doivent proprement leur pouvoir conducteur.

« Le principal de ces résultats, et qui comprend à peu près tous les autres, est la construction d'un appareil qui ressemble pour les effets (c'est-à-dire pour les commotions qu'il est capable de faire éprouver dans les bras, etc.) aux bouteilles de Leyde, et mieux encore, aux batteries électriques faiblement chargées, qui agiraient cependant sans cesse, et dont la charge, après chaque explosion, se rétablirait d'elle-même ; qui jouiraient en un mot d'une charge indéfectible, d'une action sur le fluide électrique, ou impulsion, perpétuelle ; mais qui d'ailleurs en diffère essentiellement, et par cette action continuelle qui lui est propre, et parce que, au lieu de consister, comme les bouteilles et les batteries électriques ordinaires, en une ou plusieurs lames isolantes, en couches minces de ces corps censés être les seuls électriques, armés de conducteurs ou corps dits non électriques, ce nouvel appareil est formé uniquement de plusieurs de ces derniers corps, choisis même entre les meilleurs conducteurs, et par là les plus éloignés, suivant ce que l'on a toujours cru, de la nature électrique. Oui, l'appareil dont je vous parle, et qui vous étonnera sans doute, n'est qu'un assemblage de bons conducteurs de différentes espèces, arrangés d'une certaine manière. Vingt, quarante, soixante pièces de cuivre, ou mieux, d'argent, appliquées chacune à une pièce d'étain, ou, ce qui est beaucoup mieux, de zinc et un nombre égal de couches d'eau, ou de quelque autre humeur qui soit meilleur conducteur que l'eau simple, comme l'eau salée, la lessive, etc. ; ou des morceaux de carton, de peau, etc., bien imbibés de ces humeurs : de telles couches interposées à chaque couple ou combinaison des deux métaux différents ; une telle suite alternative, et toujours dans le même ordre, de ces trois espèces de conducteurs : voilà tout ce qui constitue mon nouvel instrument, qui imite, comme je l'ai dit, les effets des bouteilles de Leyde ou des batteries électriques, en donnant les mêmes commotions que celles-ci ; qui, à la vérité, reste beaucoup au-dessous de l'activité desdites batteries chargées à un haut point, quant à la force et au bruit de l'explosion, à l'étincelle, à la distance à laquelle peut s'opérer la décharge, etc. ; égalant seulement les effets d'une batterie chargée à un degré très-faible, d'une batterie pourtant ayant une capacité immense ; mais qui d'ailleurs surpasse infiniment la vertu et le pouvoir de ces mêmes batteries, en ce qu'il n'a pas besoin comme elles d'être chargé d'avance au moyen d'une électricité étrangère et en ce qu'il est capable de donner la commotion toutes les fois qu'on le touche convenablement, quelque fréquents que soient ces attouchements.

« Cet appareil, semblable dans le fond, comme je le ferai voir, et même tel que je viens de le construire pour la forme, à l'organe électrique naturel de la torpille, de l'anguille tremblante, etc., bien plus qu'à la bouteille de Leyde et aux batteries électriques connues, je voudrais l'appeler organe électrique artificiel. Et, au vrai, n'est-il pas comme celui-là, composé uniquement de corps conducteurs ? N'est-il pas, au surplus, actif par lui-même, sans aucune charge précédente, sans le secours d'une électricité quelconque excitée par aucun des moyens connus jusqu'ici ; agissant sans cesse et sans relâche, capable enfin de donner à tous moments des commotions plus ou moins fortes, selon les circonstances, des commotions qui redoublent à chaque attouchement, et qui, répétées ainsi avec fréquence ou continuées pendant un certain temps, produisent ce même engourdissement des membres que fait éprourer la torpille, etc. ?

« Je vais donner ici une description plus détaillée de cet appareil et de quelques autres analogues, aussi bien que des expériences y relatives les plus remarquables.

« Je me fournis de quelques douzaines de petites plaques rondes ou disques de cuivre, de laiton, ou mieux d'argent, d'un pouce de diamètre, plus ou moins (par exemple des monnaies), et d'un nombre égal de plaques d'étain, ou, ce qui est beaucoup mieux, de zinc de la même figure et grandeur, à peu près : — je dis à peu près, parce que la précision n'est pas requise, et en général la grandeur aussi bien que la figure des pièces métalliques est arbitraire ; on doit avoir égard seulement qu'on puisse les arranger commodément les unes sur les unes sur les autres en forme de colonne. Je prépare, en outre, un nombre assez grand de rouelles de carton, de peau ou de quelque autre matière spongieuse, capable d'imbiber et de retenir beaucoup d'eau ou de l'humeur dont il faudra pour le succès des expériences qu'elles soient bien trempées. Ces tranches ou rouelles, que j'appellerai disques mouillés, je les fais un peu plus petits que les disques ou plateaux métalliques, afin qu'interposés à ceux-ci de la manière que je dirai bientôt, ils n'en débordent pas.

« Ayant sous ma main toutes ces pièces en bon état, c'est-à-dire les disques métalliques bien propres et secs, et les autres non métalliques bien imbibés d'eau simple, ou, ce qui est beaucoup mieux, d'eau salée, et essuyés ensuite légèrement pour que l'humeur n'en dégoutte pas, je n'ai plus qu'à les arranger comme il convient, et cet arrangement est simple et facile.

« Je pose donc horizontalement sur une table ou base quelconque, un des plateaux métalliques, par exemple un d'argent, et sur ce premier j'en adapte un de zinc ; sur ce second je couche un des disques mouillés, puis un autre plateau d'argent, suivi immédiatement d'un autre de zinc, auquel je fais succéder encore un disque mouillé. Je continue ainsi de la même façon, accouplant un plateau d'argent avec un de zinc, et toujours dans le même sens, c'est-à-dire toujours l'argent dessous et le zinc dessus, ou vice versâ selon que j'ai commencé, et interposant à chacun de ces couples un disque mouillé : je continue, dis-je, à former de ces étages une colonne aussi haute qu'elle peut se soutenir sans s'écrouler.

« Or, si elle parvient à contenir environ vingt de ces étages ou couples de métaux, elle sera déjà capable, non-seulement de faire donner des signes à l'électromètre de Cavallo, aidé du condensateur au delà de dix ou quinze degrés, de charger ce condensateur au point de lui faire donner une étincelle, etc., mais aussi de frapper les doigts avec lesquels on vient toucher ses deux extrémités (la tête et le pied d'une telle colonne), d'un ou plusieurs petits coups, et plus ou moins fréquents, selon qu'on réitère ces contacts ; chacun desquels corps ressemble parfaitement à cette légère commotion que fait éprouver une bouteille de Leyde faiblement chargée, ou une batterie chargée plus faiblement encore, ou enfin une torpille extrêmement languissante, qui imite encore mieux les effets de mon appareil par la suite des coups répétés qu'elle peut donner sans cesse. »

La dernière partie de cette lettre de Volta au président de la *Société royale de Londres* contient la description d'une nouvelle disposition de la pile, celle qui a reçu le nom d'*appareil à couronne de tasses*, avec quelques détails sur les sensations produites par cet appareil dans les organes du toucher, de la vue, de l'ouïe et du goût. Volta indiquait en même temps les précautions minutieuses qu'il fallait prendre pour communiquer à une chaîne formée de deux ou plusieurs personnes, la commotion électrique ; car l'inventeur considérait surtout cet instrument comme propre à remplacer, dans ce dernier but, les batteries formées de bouteilles de Leyde.

« Tous les faits que j'ai rapportés dans ce long écrit, touchant l'action que le fluide électrique, incité et mû par mon appareil, exerce sur les différentes parties du corps que son courant envahit et, traverse… tous ces faits, déjà assez nombreux et d'autres qu'on pourra encore découvrir, en multipliant et variant les expériences de ce genre, vont ouvrir un champ assez vaste de réflexions, et des vues non-seulement curieuses, mais intéressant particulièrement la médecine. Il y en aura pour occuper l'anatomiste, le physiologiste et le praticien[23]. »

Les réflexions se pressent en foule à la lecture de cette lettre de l'inventeur de la pile ; et, n'hésitons pas à le dire, elles ne sont pas toutes en faveur du génie de Volta.

Dans les nombreux essais auxquels il avait soumis pendant plusieurs mois, l'appareil qui devait être bientôt une mine inépuisable de découvertes, le physicien de Côme n'avait reconnu, on peut le dire, que ce qui pouvait frapper les yeux d'un expérimentateur vulgaire. Pour lui, la pile électrique n'est qu'un instrument propre à exciter des commotions dans nos organes, c'est une bouteille de Leyde qui jouit de la propriété de se recharger d'elle-même après chaque émission de fluide.

On a beau tourner et retourner l'important mémoire dont nous venons de citer le texte, on n'y trouve mentionnés que les résultats produits sur les corps vivants par ce nouvel appareil, que l'inventeur voudrait appeler, par cette considération, *organe électrique artificiel*. Aussi éprouve-t-on, en parcourant ce document, trop peu connu, un singulier mécompte. Ce qui étonne, en effet, ce ne sont pas les observations qu'on y trouve, mais bien celles qu'on n'y rencontre pas, et que Volta aurait dû, à ce qu'il semble, faire nécessairement en maniant cet appareil pour la première fois.

Egaré par sa pensée dominante du développement de l'électricité par le simple contact, Volta rapporte à cette cause les effets de son appareil. Il repousse formellement toute intervention de l'action chimique, qui constituait pourtant la véritable source de ses effets :

« L'action qui met le fluide électrique en mouvement, écrit-il, ne s'exerce pas, comme on l'a cru faussement, au contact de la substance humide avec le métal, ou bien il ne s'en exerce là qu'une très-petite qu'on peut négliger, en comparaison de celle qui s'exerce au contact entre des métaux différents. Par conséquent, le véritable élément de mes appareils à pile est le simple couple métallique formé de deux métaux différents, et non pas une substance humide appliquée à une substance métallique ou comprise entre deux métaux différents. Les *couches humides* dans les appareils composés[24] *ne sont donc là que pour faire communiquer l'un à l'autre tous les couples métalliques* rangés de manière à pousser le fluide électrique dans une direction, de façon qu'il n'y ait pas d'action en sens contraire. »

Volta, décrivant les effets de la pile, reconnaît qu'ils prennent plus d'intensité en substituant à l'eau pure des liquides acides ou salins ; mais il attribue ce fait à ce que ces liquides sont de meilleurs conducteurs que l'eau.

« On peut déjà obtenir des commotions, écrit-il, avec un appareil de trente et même de vingt couples, pourvu que les métaux soient suffisamment nets et propres, et surtout que les couches humides interposées ne soient pas de l'eau simple et pure, mais une solution saline assez chargée. Ce n'est pourtant pas que ces humeurs salines augmentent proprement la force électrique ; *elles facilitent seulement le passage et laissent un plus libre cours au fluide électrique, étant beaucoup meilleurs conducteurs que l'eau simple, comme plusieurs expériences le démontrent.* »

Ainsi, le principe erroné qui avait conduit Volta à la découverte de la pile, c'est-à-dire le développement de l'électricité par le contact, survivait, dans l'esprit de l'inventeur, à l'expérience même de cet appareil. Dans le jeu de la pile, il prétendait encore trouver la démonstration de la vérité de ce principe, qui revient pourtant, comme nous le verrons plus tard, à admettre l'existence du mouvement perpétuel.

On se demande aujourd'hui avec surprise comment Volta, pendant les diverses expériences qu'il avait faites avec son appareil, et dont il expose les résultats dans sa *Lettre à Joseph Banks*, n'avait observé aucun des faits nombreux qui renversaient sa théorie.

Volta n'a pas remarqué (il n'en parle pas du moins) la diminution rapide qui survient dans l'intensité des effets de la pile, après les premières minutes d'une action énergique. Ce décroissement, qui est une suite naturelle de la diminution d'intensité des effets chimiques s'exerçant entre les métaux et les liqueurs acides qui composent la pile, ne s'accordait pas avec la constance et le mouvement continu perpétuel, qui est propre à la force électromotrice, dans les idées de Volta. La seule diminution qu'il veuille reconnaître dans l'intensité des effets de cet instrument, maintenu quelque temps en activité, est celle qui est déterminée par la dessiccation des rondelles de drap mouillé. Encore assure-t-il avoir porté remède à cette cause d'affaiblissement, en encaissant la colonne de disques dans une couche de résine, de manière à empêcher l'évaporation du liquide qui imbibe les rondelles de drap.

Mais dans sa *Lettre à Joseph Banks*, Volta nous fait aussi connaître l'*appareil à couronne de tasses*. Or, avec cette disposition de l'instrument, la diminution graduelle de l'intensité électrique se manifeste tout aussi bien que dans l'*appareil à colonne*, et ici l'évaporation du liquide ne peut être invoquée. Comment donc Volta ne fut-il pas frappé de cet affaiblissement de la pile que l'on observe après un certain temps d'activité ; et comment ne fut-il pas conduit à chercher la cause de cette décroissance ?

Volta n'avait rien dit de l'altération profonde que subit l'un des métaux du couple. Il n'avait pas remarqué les efflorescences salines qui se forment autour des disques métalliques, et qui consistent en sulfate de zinc, provenant de la dissolution du métal par l'eau acidulée. Dans une pile qui a servi quelque temps, toutes les plaques de zinc sont usées et ont perdu de leur masse, par suite de la dissolution d'une partie de ce métal dans l'eau acidulée ; les plaques-de cuivre restent, au contraire, inattaquées et conservent leur masse primitive. Comment Volta ne fut-il pas frappé de ce fait, qui se présentait de lui-même, pour ainsi dire, à l'observateur ?

Volta nous dit dans sa *Lettre à Joseph Banks*, qu'il a déterminé, au moyen du condensateur et de l'électromètre de Cavallo, la nature de deux électricités existant à chacun des pôles de sa pile : il trouva que le pôle zinc donnait l'électricité positive et le pôle argent l'électricité négative. Or, il ne remarqua point qu'en renversant les pôles de l'instrument, c'est-à-dire en supprimant le disque d'argent à la base, et le disque de zinc au sommet de la colonne, le pôle argent devenait positif, et le pôle zinc négatif ; ce qui détruisait ses observations et sa théorie.

Volta n'a pas constaté non plus, pour nous renfermer dans le domaine de la plus simple expérimentation, le fait, qu'il était presque impossible de ne pas observer, des décompositions chimiques, avec production de gaz, qui s'observent pendant le travail des piles un peu énergiques. Il avait répété un grand nombre de fois l'expérience du circuit interrompu, avec des appareils de cent vingt couples, les communications étant établies au moyen de lames de cuivre décapé plongeant dans une solution de sel marin, et il n'avait remarqué ni la formation de bulles de gaz sur la lame en contact avec le pôle négatif, ni l'oxydation de la lame au pôle positif. Il y a plus : Volta forma un appareil *à couronnes de tasses* de quatre-vingts couples ; il laissa les éléments en place pendant un temps fort long, tantôt ouvrant et tantôt fermant le circuit ; et il n'observa point le dégagement de l'hydrogène qui s'opère pendant la marche de la pile.

Il nous paraît bien difficile que tant de faits, qu'un expérimentateur ne saurait méconnaître, eussent échappé à l'attention de Volta. Nous sommes convaincu qu'il aima mieux passer ces phénomènes sous silence, que d'appeler la discussion sur des effets secondaires en désaccord avec sa théorie, et qui auraient altéré l'unité de sa doctrine.

Toutes ces observations que Volta n'avait point faites, détourné de cette voie par ses opinions théoriques, ou par la crainte de fournir des armes à ses adversaires, étaient pourtant si simples, que les premiers expérimentateurs qui eurent entre les mains le nouvel appareil, les firent presque aussitôt, et eurent ainsi la gloire de parcourir la vaste carrière ouverte par le physicien de Côme et à peine soupçonnée par lui. En voulant mettre la chimie hors de cause dans les effets de la pile, comme il avait déjà voulu écarter la physiologie dans les effets de l'arc de Galvani, Volta s'était ainsi interdit à lui-même le magnifique champ de découvertes que parcoururent ses successeurs.

Comme nous l'avons dit plus haut, Volta avait surtout présenté son *appareil électromoteur*, son *organe électrique artificiel*, comme spécialement propre aux expériences physiologiques. Conséquemment, ce fut un physiologiste, le chirurgien Anthony Carlisle, qui songea le premier, à Londres, à étudier les applications de la pile électrique.

À peine eut-il cet instrument entre les mains, que Carlisle découvrit le grand fait de la décomposition de l'eau par la pile.

Ainsi Volta laissa à un chirurgien l'honneur de cette importante découverte. On voit suffisamment, par ce seul fait, combien sont fondées les critiques que nous avons cru pouvoir élever contre le physicien de Côme et contre la manière dont furent dirigés ses premiers travaux.

Voici d'ailleurs comment Carlisle fut amené à cette découverte fondamentale.

Datée du 20 mars 1800, la lettre de Volta à sir Joseph Banks, ne parvint à Londres que dans les premiers jours du mois d'avril, et elle n'arriva pas en entier : on n'en reçut à Londres que les premiers feuillets, c'est-à-dire la partie que nous avons reproduite textuellement. Le reste de la lettre ne parvint à Londres que vers le milieu du mois de juin. Ce fut alors seulement que Joseph Banks put en donner communication dans une séance de la *Société royale*. Mais, dès les premiers jours du mois d'avril, il avait fait connaître officieusement à divers membres de cette compagnie, le fragment qu'il avait reçu.

Fig. 323. — Joseph Banks lit devant la Société royale de Londres la lettre de Volta annonçant la découverte de la pile électrique (avril 1800).

C'est donc par l'intermédiaire de Joseph Banks que divers expérimentateurs, en Angleterre, et particulièrement le chirurgien Anthony Carlisle, Cruikshank et Humphry Davy, eurent connaissance de l'*électro-moteur*de Volta. Toutefois il avait été expressément stipulé, par Joseph Banks, que les expériences qui pourraient être faites, grâce à ces renseignements particuliers, ne seraient rendues publiques que lorsque la lettre du physicien de Côme à la*Société royale*, aurait été publiée en entier, afin de maintenir ses droits à la priorité de cette découverte.

On s'explique, d'après cela, que le numéro de juillet 1800 du *Journal philosophique de Nicholson* renferme tout à la fois la lettre de Volta à sir Joseph Banks et le récit d'une multitude d'expériences qui furent exécutées tout aussitôt, par les divers savants qui avaient reçu la description du nouvel appareil.

C'est de cette manière que, dès le 30 avril, le chirurgien Anthony Carlisle put s'empresser de construire lui-même, d'après la description donnée par Volta, cet*organe électrique artificiel* que l'inventeur recommandait d'une manière toute spéciale, comme devant ouvrir à la médecine et à la physiologie une carrière d'observations nouvelles. Il se proposait seulement d'examiner l'action de cet instrument nouveau sur l'organisme animal.

Carlisle se servit de *demi-couronnes*, monnaie de la valeur de trois francs, pour former les disques d'argent de son appareil. Des disques de zinc, et des rondelles de carton imprégnées d'eau salée, servirent à le compléter. Avec dix-sept seulement de ces couples, Carlisle éleva une colonne ayant un disque d'argent à la base, et au sommet, un disque de zinc.

C'est au moyen de cet instrument, d'une simplicité élémentaire et d'une bien médiocre puissance, que Carlisle décomposa l'eau, c'est-à-dire accomplit la plus féconde des découvertes qui aient été faites avec la pile de Volta, car elle dévoila aussitôt à la physique et à la chimie un horizon sans bornes.

Les circonstances particulières qui accompagnèrent une découverte si importante, ne doivent pas être passées sous silence.

Ayant, comme nous l'avons dit, construit à la hâte, une pile composée de demi-couronnes et de disques de zinc, Carlisle jugea à propos de demander le secours d'un physicien, pour les expériences qu'il se proposait de faire concernant l'action de l'électro-moteur sur l'économie animale. Il s'adressa, pour cet objet, à Nicholson, son ami.

Nicholson et Carlisle pensèrent, avec raison, qu'avant toute chose, le premier soin devait consister à reconnaître l'espèce d'électricité (positive ou négative) qui existait à l'extrémité de la colonne. Ils firent donc communiquer, à l'aide d'un fil de fer, chacune des extrémités de la pile avec le plateau d'un condensateur. L'expérience n'ayant pas donné de résultat satisfaisant, Nicholson soupçonna que ce manque de succès pouvait tenir à ce que le contact entre les fils de fer et les disques de la pile n'était point parfait. Il crut y porter remède en plaçant quelques gouttelettes d'eau sur le disque de zinc, et y plongeant l'extrémité du fil qui servait à réunir les deux pôles.

Mais à peine eut-on ainsi fermé le circuit voltaïque, que l'on vit apparaître dans l'intérieur de cette goutte d'eau, et près de l'extrémité du fil de fer, des bulles excessivement fines de gaz. En même temps, on crut sentir l'odeur de l'hydrogène.

Nicholson et Carlisle devinèrent aussitôt que l'eau avait été décomposée par le courant électrique, et ils résolurent de s'en assurer « en interrompant le circuit par l'introduction d'un tube plein d'eau entre les extrémités libres des deux fils. »

C'est le 2 mai de l'année 1800 que fut exécutée cette expérience capitale, point de départ de toutes les découvertes modernes sur les décompositions électro-chimiques des corps.

Fig. 324. — Nicholson et Carlisle, à Londres, décomposent l'eau par la pile de Volta, le 2 mai 1800.

Nicholson et Carliste prirent un tube de verre de 3 décim. de longueur et de 15 millim. de diamètre intérieur, qui fut rempli d'eau de source, et fermé par des bouchons de liège à ses deux extrémités (fig. 324). On fit passer à travers chacun de ces bouchons, un fil de cuivre rouge. Le tube ayant été placé dans une position verticale, le fil de cuivre inférieur fut mis en contact avec le disque d'argent qui formait la base inférieure de la pile à colonne, et le fil supérieur avec le disque de zinc du sommet. Ce petit appareil, très-convenable pour observer le phénomène de la décomposition de l'eau, étant ainsi disposé, on approcha peu à peu l'une de l'autre, les pointes des deux fils de cuivre, placés en regard au milieu du tube plein d'eau. Lorsque ces deux pointes ne furent plus distantes que d'environ 5 centimètres, « une longue traînée de bulles excessivement fines, dit Nicholson, s'éleva de la pointe du fil inférieur de cuivre qui communiquait avec le disque d'argent ; tandis que la pointe du fil de cuivre opposé devenait terne, puis jaune orangé, puis noire. » Si l'on amenait au contact les deux pointes de métal, le phénomène s'arrêtait aussitôt ; pour recommencer dès qu'on les séparait de nouveau : le dégagement de gaz était d'autant moins abondant que les pointes étaient plus éloignées ; et à une certaine distance, le dégagement cessait tout à fait.

L'expérience fut prolongée pendant deux heures et demie : il se rassembla au sommet du tube environ un demi-centimètre cube de gaz. Mélangé avec parties égales d'air atmosphérique, ce gaz détona à l'approche d'une bougie : c'était donc du gaz hydrogène. L'eau qui avait servi à cet essai, était devenue trouble, par la présence de filaments blanchâtres qui, se détachant de l'extrémité du fil supérieur, tombaient au fond du tube, et y formaient un précipité d'un gris verdâtre.

C'est ainsi que Nicholson et Carlisle furent amenés à découvrir que l'eau avait été décomposée par le courant de la pile : le gaz hydrogène s'était dégagé au contact de l'un des fils avec l'eau, tandis que l'oxygène, se combinant avec l'autre fil, avait formé de l'oxyde de cuivre.

Comme l'oxydabilité du cuivre avait été, sans nul doute, la cause de la formation, autour du fil conducteur, de ces nuages verdâtres qui consistaient en oxyde de cuivre hydraté, il était important de reconnaître ce qui se passerait si l'on employait, comme conducteur, un métal inoxydable.

Continuant seul cette nouvelle série d'expériences, Nicholson substitua aux fils de cuivre deux fils de platine, introduits, comme dans l'expérience précédente, à travers les deux bouchons et en regard l'un de l'autre, au milieu de l'eau. Le fil de platine, attaché au disque d'argent qui terminait en haut la pile à colonne, donna aussitôt un courant très-abondant de bulles de gaz extrêmement fines. Le fil de platine communiquant à l'extrémité zinc, produisit aussi une traînée de bulles gazeuses, mais moins abondantes. L'expérience, prolongée pendant quatre heures, ne provoqua dans l'eau aucun dépôt de matières étrangères ; les fils de platine n'étaient aucunement altérés par les gaz qui prenaient naissance.

On obtint des résultats en tout semblables en substituant au fil de platine, un fil d'or. Ainsi, quand on faisait usage d'un conducteur formé d'un métal non oxydable, l'oxygène, ne pouvant entrer en combinaison avec ce métal, se dégageait, à l'état de liberté, en même temps que l'hydrogène. L'emploi du platine ou de l'or, comme conducteur de la pile, permettait donc d'effectuer l'analyse de l'eau, en recueillant à part les deux gaz qui entrent dans sa composition.

Nicholson n'eut aucune peine à reconnaître que le gaz dégagé au pôle positif était de l'oxygène pur, tandis que le gaz recueilli sur le fil négatif était de l'hydrogène. On obtenait, dans la même expérience, un volume de gaz hydrogéné supérieur à celui de l'oxygène, parce que l'eau résulte de la combinaison de 2 volumes du premier de ces gaz, pour 1 volume du second.

Nicholson fit cette dernière et belle expérience, en réunissant deux piles à colonne, dont l'une contenait 36 couples et l'autre 32 couples de zinc et d'argent, c'est-à-dire 68 couples en tout. Dès que la communication fut établie entre cette pile et les conducteurs de platine, la décomposition de l'eau commença. La pile fut maintenue en action pendant treize heures, et produisit un volume de gaz hydrogène et oxygène d'environ un pouce un quart cube. Au bout de ce temps, on transvasa chacun des gaz dans deux petits tubes, et l'on mesura la quantité des gaz produits, en pesant les deux tubes alternativement pleins d'eau et pleins de gaz.

Par ce moyen d'appréciation, bien imparfait pourtant, on trouva que le gaz oxygène avait déplacé dans la cloche 72 grains d'eau et l'hydrogène 142 grains du même liquide. « Ces deux volumes, ajoute Nicholson, sont à peu près dans le rapport des parties aliquotes constituantes de l'eau. Ce rapport est, en effet, d'*une partie en volume* d'oxygène et de *deux parties en volume* d'hydrogène. »

Il n'y avait dans cette analyse qu'une erreur de 2 grains, sur 144.

C'est en modifiant d'une manière fort simple l'appareil imaginé par Nicholson pour l'analyse électro-chimique de l'eau, que l'on fait aujourd'hui, dans les cours publics et dans les laboratoires, l'expérience élégante par laquelle on démontre la véritable nature de ce liquide.

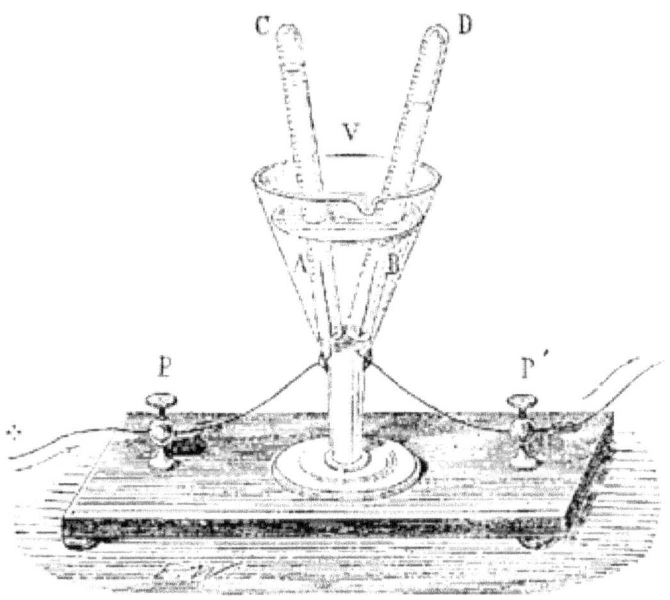

Fig. 325. Appareil pour la décomposition de l'eau.

Dans un verre à pied V contenant de l'eau (fig. 325), et dont le fond renferme une masse de cire, qui est traversée par deux fils de platine en rapport avec les pôles d'une pile en activité, on dispose deux cloches de verre AC, BD, remplies d'eau, et dans lesquelles s'engage l'extrémité des deux fils conducteurs. Les deux cloches sont *graduées*, c'est-à-dire divisées en parties d'un égal volume. L'eau étant décomposée par le courant de la pile, l'hydrogène et l'oxygène se rendent, chacun de son côté, dans la petite cloche disposée pour les recevoir. Il est facile de reconnaître, après l'expérience, et à la seule inspection des deux petites cloches graduées, que l'on a recueilli 2 volumes de gaz hydrogène pour 1 volume d'oxygène.

Un autre expérimentateur, William Cruikshank, à Woolwich, ayant reçu de Nicholson la communication d'une partie de ses expériences, se livra, de son côté, à des recherches du même genre, et obtint aussi d'importants résultats.

Après avoir vérifié le fait de la décomposition de l'eau découvert par Nicholson et Carlisle, Cruikshank reconnut que toujours, et quel que fût le conducteur employé, il se formait un acide libre autour de l'extrémité du pôle positif, et qu'en même temps un principe alcalin apparaissait au pôle négatif. Cruikshank saisit avec beaucoup de sagacité la cause de ce phénomène complexe. Il pensa que l'hydrogène mis en liberté par la décomposition de l'eau, et qui se portait au pôle négatif, se combinait avec l'azote de l'air, qui se trouve toujours en dissolution dans l'eau, ce qui donnait naissance à de l'ammoniaque, composé auquel était due l'alcalinité manifestée à ce pôle ; et qu'en même temps l'oxygène provenant de la décomposition de l'eau, et qui se portait au pôle positif, s'y combinait avec l'azote de l'air et formait de l'acide azotique, ce qui rendait compte de la formation d'un acide à ce pôle de la pile[25].

Cette première observation de Cruikshank n'était que le prélude de la découverte d'un fait important qui devait bientôt ouvrir une intéressante carrière d'expériences : nous voulons parler du transport des métaux par le courant électrique, au pôle négatif de la pile.

Déjà Nicholson avait fait une observation de ce genre. En employant pour la décomposition de l'eau par la pile, deux conducteurs de cuivre, et en opérant sur de l'eau acidulée par l'acide chlorhydrique, il avait observé « un dépôt de cuivre à l'état métallique autour du fil provenant de l'extrémité argent. Ce dépôt, ajoute-t-il, formait, au bout de quatre heures, une sorte de végétation métallique ramifiée, dont le volume surpassait de neuf à dix fois celui du fil autour duquel elle était agglomérée. »

En exécutant une expérience semblable, Cruikshank en tira une conséquence inattendue. Ayant ajouté une petite quantité d'acide acétique à de l'eau pure, dans laquelle plongeaient deux fils d'argent qui servaient de conducteur à la pile voltaïque, il remarqua que l'argent entrait en partie en dissolution, mais qu'il reparaissait bientôt après à l'état métallique, sur le fil négatif, sous la forme de paillettes brillantes, parfaitement semblables à celles que l'on obtient quand on précipite, au moyen d'une lame de cuivre, une dissolution étendue d'azotate d'argent.

Ce phénomène, qui ne devait être bien compris que plus tard, fut soumis par Cruikshank à diverses expériences, dans les détails desquelles nous ne saurions entrer ici. Elles mirent en évidence ce fait, que le même courant voltaïque qui décompose l'eau, emportant son hydrogène au pôle négatif, peut décomposer en même temps, les oxydes métalliques tenus en dissolution dans cette eau ; — que cette réduction est due à l'hydrogène naissant provenant de la décomposition de l'eau ; — et que, dans ce cas, en même temps que l'hydrogène naissant se dégage au pôle négatif, le métal du sel qui fait partie de cette dissolution, apparaît avec ce gaz, au pôle négatif, et peut s'y déposer sous forme cristalline.

Les expériences qui venaient d'être faites en Angleterre, concernant la décomposition électro-chimique de l'eau, furent bientôt répétées partout. En France et en Allemagne, l'appareil de Volta, soumis de toutes parts à l'expérience, donnait au même moment, les mêmes résultats entre toutes les mains.

Les expériences de Nicholson, dès que la nouvelle en parvint en Allemagne, y furent aussitôt reproduites dans tous les laboratoires. Le chimiste Ritter, de Berlin, fut le premier à s'en occuper[26], et son exemple fut suivi par une foule d'autres. À Berlin, le professeur Hermbstadt ; Unger et Müller, à Brieg ; enfin le professeur Gilbert et le conseiller Hofrath Voigt, à Berlin, se livrèrent aux mêmes essais.

Gruner et Bockmann s'efforcèrent de mesurer le volume d'hydrogène et d'oxygène obtenu pendant la décomposition électrochimique de l'eau ; mais ce dernier arriva à des chiffres erronés sur le rapport de ces deux gaz formés pendant cette analyse. Pfaff construisit un appareil très-commode pour la décomposition de l'eau. Cet appareil fut modifié avantageusement par Gahn, assesseur à Fahlun. Enfin, le professeur L. Simon donna à la *Société philomatique* de Berlin, d'utiles préceptes sur les instruments employés dans les divers cas de décompositions électro-chimiques.

Ces nombreux essais faits en Allemagne touchant les décompositions électro-chimiques des corps, étaient le prélude et comme la préparation aux discussions théoriques qui devaient bientôt vivement agiter la science sur les particularités que l'on observe pendant la décomposition électro-chimique de l'eau.

C'est à cette époque, c'est-à-dire vers la fin de l'année 1800, qu'un chimiste anglais, qui devait conquérir dans l'étude de l'électricité une gloire immortelle, entrait pour la première fois dans cette voie d'expériences : « Un immense champ de recherches paraît ouvert par cette découverte, écrivait, au mois de juillet 1800, Humphry Davy, alors âgé de vingt-deux ans et attaché à l'*institution pneumatique* du docteur Beddoès, à Bristol : puisse-t-il être parcouru de manière à « nous faire connaître quelques-unes des lois de la vie ! »

Les premiers pas du jeune Davy dans l'étude expérimentale de la pile, eurent pour résultat d'ébranler, ou du moins de mettre en question la doctrine de Volta, c'est-à-dire le principe du développement de l'électricité par le contact. Le 26 octobre 1800, Humphry Davy exposait ainsi le résultat de ses premiers essais :

« J'ai trouvé, par de nombreuses expériences, que le galvanisme est un procédé purement chimique, et dépend entièrement de l'oxydation de surfaces métalliques qui ont des degrés différents de conductibilité électrique. Le zinc ne décompose pas l'eau pure, et si les plaques de zinc sont humectées avec de l'eau pure, la pile n'agit pas. Mais le zinc peut s'oxyder, étant en contact avec de l'eau qui tient en solution de l'oxygène de l'air atmosphérique ou des acides ; la pile agit alors, et son intensité est en proportion de la vitesse avec laquelle le zinc s'oxyde.

« La pile n'agit que pendant quelques minutes, quand on l'introduit dans du gaz hydrogène, dans de l'azote ou dans de l'hydrogène carboné ; elle n'agit alors que le temps tout juste pendant lequel l'eau qui sépare ses couples tient de l'oxygène en dissolution... Elle agit très-vivement dans le gaz oxygène. Quand les couples sont humectés d'acide chlorhydrique, l'action de la pile est très-puissante ; mais elle l'est infiniment plus quand on emploie l'acide nitrique. Cinq couples avec de l'acide nitrique donnent des étincelles égales à celles de la pile ordinaire ; avec vingt couples la secousse était insupportable. »

Dans sa première communication à la *Société royale*, en date du 18 juin 1801, Davy, entre autres faits nouveaux, avait montré qu'on pouvait construire une pile avec un seul métal placé entre deux liquides différents, pourvu toutefois que l'oxydation n'eût lieu que sur une seule surface de ce métal. À la séance suivante, Wollaston présenta un travail très-important sur lequel nous aurons à revenir, et qui tendait à prouver que l'oxydation du métal était la cause première des phénomènes voltaïques.

Wollaston confirma, du reste, les rapprochements établis par Volta entre l'électricité statique et l'électricité dynamique. Il réussit à reproduire en petit, par l'électricité ordinaire, les effets chimiques de l'électricité voltaïque, tels que la décomposition de l'eau et de certains oxydes. Il fit voir qu'il suffisait pour cela de diminuer excessivement les dimensions du fil plongé dans le liquide, de manière à concentrer en un seul point l'action trop peu prolongée de la machine électrique ordinaire[27].

Wollaston alla même jusqu'à rapporter à un fait chimique, c'est-à-dire à l'oxydation, la production de l'électricité dans les machines électriques ordinaires. Appelant l'attention sur l'*enduit métallique*, dont on a reconnu la nécessité pour les frottoirs, il annonçait que ces machines d'électricité ne se chargent pas dans le gaz hydrogène, ni dans les divers gaz qui n'exercent sur l'enduit des coussins aucune action chimique.

Ainsi, dès les premiers temps où la pile fut soumise à l'expérience, dès que les chimistes furent à même d'en observer les effets, la théorie de Volta soulevait des objections ou de graves répugnances. À peine née et précisée, cette théorie était déjà attaquée, soit dans sa base même, soit dans ses détails. Les mêmes difficultés que Davy et Wollaston élevaient en Angleterre contre le principe de la force électro-motrice étaient exposées en France par Gautherot, et en Russie par Parrott.

Volta sentit le besoin de se porter à la défense de sa théorie menacée. Pour faire connaître exactement à l'Europe savante sa découverte et ses idées, il prit la résolution de se rendre à Paris, qui était alors le foyer brillant et privilégié d'où rayonnaient sur le monde entier les vérités nouvelles acquises à la science.

CHAPITRE IV

VOLTA A PARIS. — LECTURE DE SON MÉMOIRE À L'INSTITUT. — PROPOSITION DU PREMIER CONSUL BONAPARTE. — RAPPORT DE BIOT SUR LE MÉMOIRE DE VOLTA. — MÉDAILLE D'OR DÉCERNÉE À VOLTA PAR L'INSTITUT DE FRANCE. — PRIX ANNUELS FONDÉS PAR L'EMPEREUR NAPOLÉON POUR LES TRAVAUX RELATIFS AU GALVANISME. — SUITE DES RECHERCHES DES PHYSICIENS SUR LA PILE. — MODIFICATIONS DE LA PILE À COLONNE. — LA PILE À AUGE. — EFFETS PHYSIQUES OBTENUS AVEC LA PILE À AUGE, PAR TROMSDORF, HUMPHRY DAVY ET PEPYS.

Dans les derniers mois de l'année 1800, Volta et son collègue, le professeur Brugnatelli, obtinrent du gouvernement cisalpin l'autorisation de se rendre en France, pour conférer avec les physiciens de la capitale sur divers points scientifiques, et en particulier sur les phénomènes de la pile. En passant à Genève, Volta fit fonctionner son appareil devant le nombreux auditoire qui se pressait alors aux leçons de Pictet. Arrivé à Paris, il fut reçu avec la plus grande faveur par le premier consul Bonaparte, qui avait conçu la plus haute estime pour ses talents.

Le physicien d'Italie lut devant l'Institut national de France, un mémoire très-développé qui contenait l'exposé de l'ensemble de ses découvertes, et qui occupa trois séances consécutives : le 16 brumaire an IX (novembre 1800), le 18 et le 20 du même mois. Après chaque séance de lecture, Volta exécutait devant les membres de l'Institut, les expériences décrites dans son mémoire[28].

Le premier consul assistait à la deuxième de ces séances et aux expériences qui la suivirent. Volta répéta devant lui son expérience fondamentale, qui consiste à obtenir sur l'électroscope à feuilles d'or, à l'aide du condensateur, des signes d'électricité avec deux métaux différents isolés, mis en contact, puis séparés aussitôt. Au moyen d'une pile à colonne de quatre-vingt-huit disques, zinc et argent, Volta produisit ensuite de très-fortes commotions. Il obtint des étincelles avec le secours du condensateur, et fit brûler un fil de fer. Par une étincelle tirée d'un conducteur de la pile, il fit partir un pistolet à gaz hydrogène. Il termina en exécutant la décomposition électro-chimique de l'eau.

Fig. 326. — Alexandre Volta lit devant l'Académie des sciences, son mémoire sur la pile, en présence du premier consul Bonaparte (18 novembre 1800).

Cette dernière expérience frappa d'admiration le premier consul, qui signala même certaines recherches à faire à ce sujet.

Bonaparte aurait désiré, par exemple, qu'à des températures très-opposées, on fît comparativement la même expérience sur l'action de la pile, afin de s'assurer si le calorique accélère ou retarde le passage de l'électricité à travers les métaux et les conducteurs humides. Il aurait voulu que l'on recherchât si la propriété conductrice des métaux varie selon leur état physique, et que l'on portât une attention particulière, à ce point de vue, sur le fer, qui affecte des états physiques très-variés. Un fil de fer, cassant ou ductile, un fil d'acier, employés comme conducteurs d'une même pile, auraient pu fournir peut-être quelques résultats propres à éclairer la théorie de l'électricité.

Le physicien Robertson, dont nous aurons à parler dans une

des Notices de cet ouvrage[29], eut une part à ces expériences faites devant l'Institut. Nous citerons ce qu'il dit à cet égard, dans ses *Mémoires*, parce que son récit présente quelques particularités intéressantes :

« M. de Volta, écrit Robertson, me pria de l'accompagner à cette séance ; retenu par mes expériences publiques, je ne pouvais être libre que fort tard. M. Biot vint me chercher et me dit que l'Institut désirait que je répétasse en sa présence quelques-unes de mes expériences ; je n'avais pas encore fini avec mes auditeurs, il eut l'obligeance d'attendre assez longtemps, et nous partîmes. Arrivés sous la porte du Louvre, on empêcha notre voiture d'entrer. Les avenues du palais, où l'Institut siégeait alors, étaient gardées par un grand nombre de militaires ; il fallut l'ordre d'un officier supérieur pour nous laisser monter. Je ne savais trop à quoi attribuer cet appareil de forces ; aussi, en entrant dans la salle des séances, lançai-je un regard rapide sur toute l'assemblée. Les membres de l'Institut, debout et découverts, étaient rangés autour d'une grande table ronde, et M. de Volta expliquait sa théorie : on apportait à l'écouter une vive attention. Lorsqu'il cita comme preuve de l'identité de l'électricité et du galvanisme l'inflammation du gaz hydrogène par l'étincelle galvanique, il eut l'obligeante précaution de dire que j'avais fait le premier cette expérience, et il m'engagea à vouloir bien la répéter devant l'Institut. On se procura aussitôt du gaz hydrogène dans le cabinet de M. Charles, situé à côté de la salle des séances.

« La détonation du pistolet de Volta sembla réveiller un membre placé à l'autre extrémité de la salle, inattentif en apparence, dont l'imagination planait peut-être en cet instant sur le monde entier et à cent lieues du galvanisme, tandis que la sagacité de son esprit s'occupait à démêler la nature des effets de ce fluide. Il parut sortir subitement d'une profonde préoccupation, et me fixa particulièrement, sans doute à cause du bruit que l'arme électrique venait de produire par mes mains ; puis, se tournant vers un membre placé assez près de lui :

« Fourcroy, lui dit-il, voici des phénomènes qui appartiennent plus à la chimie qu'à la physique, et dont vous devez vous emparer. »

« Distinction très-juste, et qu'une foule d'applications ont rendue évidente par la suite. C'est ainsi que je vis pour la première fois le premier consul Bonaparte ; quelles destinées extraordinaires étaient encore dans le néant pour cet homme déjà environné à cette époque d'un destin si brillant[30] ! »

Lorsque Volta eut terminé ses expériences, Bonaparte proposa, comme membre de l'Institut, de lui décerner une médaille d'or, qui servirait de monument et constaterait l'époque de sa découverte. Il demanda aussi qu'une commission fût nommée, pour répéter en grand toutes les expériences relatives au galvanisme.

S'il faut en croire Robertson, les physiciens de Paris étaient demeurés jusqu'à ce moment, assez étrangers à la connaissance des phénomènes du galvanisme. C'est ce que semblerait prouver la singulière réception qui avait été faite à Volta, par le physicien Charles, et que Robertson raconte d'une manière assez piquante :

« Un jour, dit Robertson, c'était le 9 vendémiaire an IX, pendant mes expériences publiques sur le galvanisme, j'exprimais mes doutes à cet égard, et j'énumérais les différences que j'apercevais encore entre le fluide électrique et le fluide galvanique, lorsqu'un de mes auditeurs se leva et me dit que *M. de Volta, ici présent, aurait beaucoup de plaisir à dissiper les doutes qui me restaient.* L'interlocuteur était le docteur Brugnatelli ; il avait accompagné le célèbre Volta dans un voyage qu'ils avaient obtenu du gouvernement cisalpin la permission de faire à Paris, pour conférer avec les savants de France sur divers objets scientifiques, et principalement sur les découvertes de la pile galvanique. J'acceptai avec empressement l'offre honorable de M. de Volta.

« Le lendemain matin, il se présenta de bonne heure chez moi, portant dans sa poche de petits appareils galvaniques et une grenouille vivante. Nous passâmes la matinée entière à faire des expériences dont aucune ne réussit. Volta accusait l'humidité de l'air de ces mauvais résultats ; pour moi, je les imputai, avec plus de raison, à l'imperfection de ses conducteurs métalliques. Mais il m'exposa sa théorie d'une manière si lumineuse, développa ses aperçus, ses observations et leurs conséquences avec tant de clarté, que ma conviction n'attendit pas des expériences plus favorables, et je devins un partisan d'autant plus sincère de son système que lui ayant été plus opposé d'abord, j'avais cédé à la seule démonstration de la vérité ; je contribuai même, par quelques résultats nouveaux, à la rendre encore plus palpable.

« M. de Volta ne s'en tint pas à cette première visite, et des liaisons de bienveillance de sa part, que je puis même dire réciproquement amicales, s'établirent entre nous. Mon cabinet lui offrit d'utiles ressources sous le rapport des appareils.

« M. de Volta me pria de lui servir de guide à Paris, et je m'empressai de le conduire dans les établissements où la découverte du galvanisme devait avoir pénétré, à l'École de médecine, à l'École polytechnique, dans le cabinet de M. Charles. Mais quel fut son étonnement de voir que je fusse le seul dans Paris à m'occuper de cette belle découverte ! L'Institut même paraissait n'avoir fait ou encouragé aucun essai sur ce sujet. M. Charles nous fit une réception très-singulière ; il ne s'attendait nullement à notre visite. Je lui nommai et lui présentai M. de Volta, qui était jaloux de s'entretenir de ses travaux avec un physicien aussi distingué. M. Charles laissa paraître aussitôt beaucoup d'embarras et même de la confusion : il était, nous dit-il, on ne peut plus désolé d'être pressé de sortir et de ne pouvoir profiter d'une occasion aussi avantageuse ; mais on l'attendait et il se trouvait en retard. Il ajouta d'ailleurs que nous étions maîtres absolus dans son cabinet, et qu'il en mettait tous les objets à notre disposition. Après ce peu de mots, auxquels il semblait ne pas demander de réponse, il nous salua et sortit. Restés seuls dans ce cabinet, nous nous regardâmes l'un l'autre avec des yeux ébahis. « Que ferons-nous ici ? me dit Volta. Voici un très-beau cabinet, mais le but de notre démarche n'était point d'admirer des instruments de physique. Il n'y a point dans cette atmosphère, continua-t-il en riant, d'odeur de galvanisme. »

« Il devinait juste. M. Charles ne l'avait pas plus étudié alors que les autres physiciens de France. Ce qui confirma nos conjectures, c'est qu'étant montés en fiacre, nous aperçûmes, en nous retournant, M. Charles qui épiait notre départ d'une boutique de librairie de la rue du Coq, et reprit le chemin de son cabinet dès que notre voiture se fut un peu éloignée[31]. »

La commission qui avait été désignée par l'Académie des sciences, pour reproduire les expériences de Volta et statuer sur le projet d'une médaille d'or à décerner à l'inventeur de la pile, était composée de

Laplace, Coulomb, Hallé, Monge, Fourcroy, Vauquelin, Pelletan, Charles, Brisson, Sabatier, Guyton et Biot. Après avoir répété les principales expériences de Volta, la commission choisit pour son rapporteur Biot, qui s'acquitta de ce devoir dans la séance du 11 frimaire an IX (décembre 1800), dans un rapport qui reproduisait tous les traits du mémoire de Volta, avec une concision et une clarté parfaites.

Si nous ne sommes entré dans aucun détail sur le mémoire lu à l'Institut par Volta, nous ne saurions passer sous silence le rapport de Biot, document important à conserver, parce que l'on y trouve pour la première fois, exactement définie, la théorie de la force électro-motrice[32].

Le fait principal sur lequel repose la théorie de Volta, est le suivant : Si l'on met en contact deux métaux différents, isolés au moyen d'une tige de verre, on trouve, en les retirant aussitôt, qu'ils se sont chargés chacun d'une électricité différente. Dans le contact du cuivre et du zinc, le cuivre se charge d'électricité négative et le zinc devient positif. Ce fait prouve donc que le développement de l'électricité est indépendant de l'action de tout conducteur humide[33].

Fig. 327. — J. B. Biot.

Biot expose ensuite comment on se rend compte de ce fait, dans la théorie de Volta, et il donne une analyse complète de la pile, et de la loi qui paraît présider à la tension électrique de cet instrument, selon le nombre des couples, leur conductibilité et la conductibilité propre aux corps humides.

« Tel est à peu près, dit Biot, le précis de la théorie du citoyen Volta sur l'électricité que l'on a nommée *galvanique*. Son but a été de réduire tous les phénomènes à un seul, dont l'existence est maintenant bien constatée : c'est le développement de l'électricité métallique par le contact mutuel des métaux. Il paraît prouvé, par ces expériences, que le fluide particulier auquel on attribua, pendant quelque temps, les contractions musculaires et les phénomènes de la pile, n'est autre chose que le fluide électrique ordinaire, mis en mouvement par une cause dont nous ignorons la nature, mais dont nous voyons les effets.

« Après avoir reconnu et évalué, pour ainsi dire, par approximation l'action mutuelle des éléments métalliques, il reste à la déterminer d'une manière rigoureuse, à chercher si elle est constante pour les mêmes métaux, ou si elle varie avec les qualités d'électricité qu'ils contiennent, et avec leur température. Il faut évaluer, avec la même précision, l'action propre que les liquides exercent les uns sur les autres, et sur les métaux. C'est alors que l'on pourra établir le calcul sur des données exactes, s'élever ainsi à la véritable loi que suivent, dans l'appareil du citoyen Volta, la distribution et le mouvement de l'électricité, et compléter l'explication de tous les phénomènes que cet appareil présente. Mais ces recherches délicates exigent l'emploi des instruments les plus précis qu'aient inventés les physiciens pour mesurer la force du fluide. Enfin, il reste à examiner les effets chimiques de ce courant électrique, son action sur l'économie animale, et ses rapports avec l'électricité des minéraux et des poissons ; recherches qui, d'après les faits déjà connus, ne peuvent être que très-importantes. »

Dans l'une des trois notes qui suivent ce rapport, Biot essaye de soumettre au calcul la pile voltaïque, d'après la théorie du contact. Mais il ajoute, ce qui ne surprendra personne, que les résultats calculés ne purent jamais s'accorder très-bien avec les observations. Biot se tirait de cette difficulté en ajoutant que ce désaccord tenait sans doute à l'imparfaite conductibilité des liquides employés dans la pile, élément dont il est impossible de tenir compte.

Biot terminait son rapport en proposant d'offrir à Volta une médaille d'or, conformément à la demande du premier consul :

« D'après la demande qui a été faite par un de vos membres (le premier consul), et que vous avez renvoyée à la commission, nous vous proposons d'offrir au citoyen Volta la médaille de l'Institut, en or, comme un témoignage de la satisfaction de la classe, pour les belles découvertes dont il vient d'enrichir la théorie de l'électricité, et comme une preuve de sa reconnaissance pour les lui avoir communiquées. »

Cette médaille portait pour inscription :

À VOLTA, SÉANCE DU 11 FRIMAIRE AN IX.

Le même jour, Volta reçut du premier consul une somme de 6 000 francs pour ses frais de route.

« Le professeur de Pavie, nous dit Arago, dans son *Éloge de Volta*, était devenu pour Napoléon le type du génie. Aussi le vit-on, coup sur coup, décoré des croix de la Légion d'honneur et de la Couronne de fer ; nommé membre de la consulte italienne ; élevé à la dignité de comte et à celle de sénateur du royaume lombard. Quand l'Institut italien se présentait au palais, si Volta, par hasard, ne se trouvait pas sur les premiers rangs, les brusques questions : « Où est Volta ? serait-il malade ? pourquoi n'est-il pas venu ? » montraient avec trop d'évidence, peut-être, qu'aux yeux du souverain les autres membres, malgré tout leur savoir, n'étaient que de simples satellites de l'inventeur de la pile. « Je ne saurais consentir, disait Napoléon en 1804, à la retraite de Volta. Si ses fonctions de professeur le fatiguent, il faut les réduire. Qu'il n'ait, si l'on veut, qu'une leçon à faire par an ; mais l'université de Pavie serait frappée au cœur le jour où je permettrais qu'un nom aussi illustre disparût de la liste de ses membres : d'ailleurs, ajoutait-il, un bon général doit mourir au champ d'honneur[34]. »

Le départ de Volta n'avait rien enlevé de l'enthousiasme du premier consul pour les effets de la pile. Il était convaincu que l'on ferait un jour les applications les plus brillantes du galvanisme pour l'explication des faits les plus importants de la nature, et qu'il servirait même à dévoiler la cause des phénomènes de la vie. La surprise et l'admiration que Bonaparte avait éprouvées quand le savant italien l'avait rendu témoin, pour la première fois, des effets de la pile, s'accrurent encore lorsqu'on répéta devant lui les expériences de décompositions chimiques qui venaient d'être faites en Angleterre par Cruikshank. Il fut frappé d'étonnement en voyant le transport des éléments des sels à leurs pôles respectifs. Après un instant de silence, se tournant vers Corvisart, son médecin :

« Docteur, dit-il, voilà l'image de la vie ; la colonne vertébrale est la pile ; le foie, le pôle négatif ; la vessie, le pôle positif[35]. »

Le désir qu'éprouvait Bonaparte d'encourager les travaux relatifs au galvanisme, se traduisit, bientôt après, par la fondation d'un prix annuel en faveur du physicien qui aurait réalisé la découverte la plus importante dans cette nouvelle partie de la physique. Le 26 prairial an X (juin 1801), peu de temps après la bataille de Marengo, Napoléon écrivit d'Italie à Chaptal, alors ministre de l'intérieur, la lettre suivante, qui fut transmise par ce dernier à la classe des sciences mathématiques et physiques de l'Institut :

« J'ai intention, citoyen ministre, de fonder un prix consistant en une médaille de trois mille francs, pour la meilleure expérience qui sera faite dans le cours de chaque année sur le fluide galvanique ; à cet effet les mémoires qui détailleront lesdites expériences seront envoyés, avant le 1erfructidor, à la première classe de l'Institut national, qui devra, dans les jours complémentaires, adjuger le prix à l'auteur de l'expérience qui aura été la plus utile à la marche de la science.

« Je désire donner en encouragement une somme de soixante mille francs à celui qui, par ses expériences et ses découvertes, fera faire à l'électricité et au galvanisme un pas comparable à celui qu'ont fait faire à ces sciences *Franklin* et *Volta*, et ce, au jugement de la classe.

« Les étrangers de toutes les nations seront également admis au concours.

« Faites, je vous prie, connaître ces dispositions au président de la première classe de l'Institut national, pour qu'elle donne à ces idées les développements qui lui paraîtront convenables ; mon butspécial étant d'encourager et de fixer l'attention des physiciens sur cette partie de la physique, qui est, à mon sens, le chemin de grandes découvertes.

« BONAPARTE. »

Aux termes de cette lettre, la classe des sciences mathématiques et physiques de l'Institut nomma une commission, composée de Laplace, Hallé, Coulomb et Biot, pour tracer le programme du concours proposé par le premier consul. Le 11 messidor suivant (1er juillet 1801), Biot fit un rapport dans lequel il était proposé, au nom de la commission : 1° que le concours général demandé par le premier consul fût ouvert par l'Institut national ; 2° que tous les savants de l'Europe, les membres mêmes et les associés de l'Institut fussent admis à concourir. L'Institut n'exigeait pas que les mémoires lui fussent directement adressés. Il annonçait devoir couronner chaque année l'auteur des expériences les plus remarquables qui seraient venues à sa connaissance, et qui auraient contribué aux progrès de l'électricité. On ajoutait enfin, en ce qui concerne le prix extraordinaire de soixante mille francs : « Le grand prix sera décerné à celui dont les découvertes formeront, dans l'histoire de l'électricité et du galvanisme, une époque mémorable. »

Ce rapport fut adopté à l'unanimité, dans la séance publique de l'Institut du 17 messidor, et rendu public par un programme imprimé qui contenait les mêmes dispositions.

Ce prix extraordinaire de soixante mille francs, si solennellement proposé, n'a jamais été décerné. À la fin de l'an IX, une commission de l'Institut examina les mémoires publiés récemment sur l'électricité ; mais, n'ayant remarqué aucun travail qui lui parût digne de cette distinction, elle proposa de remettre le prix à l'année suivante, en doublant la somme, afin d'engager les expérimentateurs à donner à leurs recherches toute l'étendue et toute la perfection désirables.

Le prix ne fut pas décerné davantage l'année suivante. Dans la discussion qui eut lieu sur ce sujet, quelques voix demandèrent qu'il fût partagé. On finit cependant par décider que les travaux des concurrents ne renfermaient pas de découvertes assez nouvelles, et le prix ne fut point adjugé.

Comme nous le verrons bientôt, le prix ordinaire de trois mille francs fut seul décerné quelques années après. Il servit à couronner les travaux de Davy.

En 1801, les physiciens, entrant avec ardeur dans l'étude expérimentale des effets de la pile, obtinrent des résultats fort curieux quant à ses effets physiques.

Tromsdorff, en Allemagne, en faisant usage d'une pile de cent quatre-vingts couples, détermina de très-beaux phénomènes de combustion. En interposant entre les deux pôles de la pile des feuilles d'or, d'argent et de cuivre, il enflamma ces divers métaux.

Le physicien hollandais Van Marum avait fait construire, comme nous l'avons dit dans la notice sur la *machine électrique*, une machine électrique à frottement de dimensions gigantesques, et qui lui servit à faire sur l'électricité statique les expériences les plus remarquables que l'on possède dans cette partie de la physique[36]. En faisant usage d'une partie de la grande machine du musée de Teyler à Haarlem, Van Marum et Pfaff comparèrent l'électricité fournie par la colonne de Volta avec celle que produisent les machines électriques à frottement. Ils mirent hors de doute l'identité de l'électricité fournie par la pile voltaïque avec celle que donnent les machines ordinaires à frottement,

Ce sont les expériences de Van Marum et de Pfaff, faites en novembre 1801, qui amenèrent les physiciens à abandonner l'usage de la pile à colonne, et à substituer à l'appareil primitif de Volta des dispositions plus commodes. Van Marum et Pfaff avaient construit pour leurs expériences des piles à colonne d'une grande puissance, qui contenaient jusqu'à soixante-dix couples superposés. Mais ils ne tardèrent pas à reconnaître qu'il était impossible d'obtenir, avec des colonnes d'une plus grande hauteur, même avec les plus larges couples, des effets proportionnés au nombre de ces couples. Quand on faisait usage, pour composer une pile à colonne, d'un nombre considérable d'éléments, les rondelles de drap ou de carton mouillé ne s'accommodaient pas de ce surcroît de poids. Les disques supérieurs comprimaient les rondelles de drap de la partie inférieure de la colonne, et en exprimaient tout le liquide, qui coulait le long de l'appareil et contrariait son action, parce qu'il mettait en communication tous les couples.

Van Marum imagina alors de diviser la colonne, en plusieurs plus petites, reliécs entre elles par un conducteur commun, ainsi que l'avait déjà fait d'ailleurs Nicholson en Angleterre, dans son expérience de la décomposition de l'eau. Mais quand on vint à augmenter les dimensions des plaques métalliques, on reconnut que cette division de l'appareil ne présentait pas de grands avantages. Quand on voulait prolonger la durée de l'expérience, les rondelles de carton perdaient presque tout leur liquide par le poids des disques supérieurs ; cette disposition n'avait donc remédié qu'en partie à l'inconvénient qu'il s'agissait d'éviter.

Cruikshank résolut parfaitement le problème, en rendant horizontale la pile verticale de Volta. Au lieu de superposer les couples métalliques, comme on l'avait fait jusque-là, il les disposa horizontalement, dans une longue boîte de bois, enduite à l'intérieur d'un mastic isolant (fig. 329). Les couples circulaires furent remplacés par des plaques rectangulaires de cuivre et de zinc, scellées au moyen d'un mastic, dans des rainures pratiquées aux parois de la boîte. Espacés de quelques lignes, les couples formèrent chacun la cloison d'une petite case ou d'une auge, où l'on plaça, au lieu de rondelles humectées, le liquide même dont on avait précédemment imprégné les rondelles. Cet appareil de Cruikshank, si commode dans la pratique, reçut le nom de *pile à auges*.

Fig. 329. — Cruikshank construit la pile à auges.

Cette nouvelle disposition de l'appareil électro-moteur, permit d'obtenir des effets beaucoup plus énergiques que ceux précédemment fournis par l'instrument de Volta. On ne trouva plus dès lors aucun obstacle pour augmenter le nombre et les dimensions des couples de la pile, et avec plusieurs plaques métalliques d'un ou de plusieurs pieds carrés de surface, on put obtenir des effets physiques vraiment extraordinaires.

Pepys, expérimentateur anglais, construisit, au mois de février 1802, la pile la plus puissante que l'on eût encore vue fonctionner. Elle se composait de soixante paires de plaques carrées, zinc et cuivre, de six pouces de côté, qui étaient contenues dans deux grandes auges, remplies de trente-deux livres d'eau, à laquelle on avait ajouté deux livres d'acide azotique. Un témoin oculaire des expériences de Pepys, en décrit ainsi les résultats :

« On brûla des fils de fer depuis un deux-centième jusqu'à un dixième de pouce de diamètre. La lumière dégagée de cette combustion était extrêmement vive. L'effet était très-agréable quand on brûlait plusieurs petits fils de fer tordus autour d'un plus gros.

« Du charbon fait avec du bois de buis, non-seulement s'allumait à l'endroit du contact, mais demeurait rouge d'une manière permanente, sur une longueur de près de deux pouces.

« Du plomb en feuilles brûlait avec beaucoup de vivacité après avoir rougi. Il formait un petit volcan d'étincelles rouges mêlées à la flamme.

« L'argent en feuilles brûlait avec une lumière verdâtre très-intense. On ne voyait pas d'étincelles, mais beaucoup de fumée. L'or en feuilles brûlait avec une lumière blanche et brillante, et avec fumée.

« Du fil de platine, d'un trente-deuxième de pouce de diamètre, rougissait à blanc et fondait en globules à l'endroit du contact. L'action galvanique était encore capable d'allumer le charbon après avoir parcouru un circuit de seize personnes qui se tenaient par la main, préalablement humectée.

« Cet appareil entretenait les déflagrations et la combustion sans aucun intervalle, sans aucune suspension dans l'effet.

Fig. 328. — Humphry Davy.

En 1802, Humphry Davy, élevé, à l'âge de 24 ans, à la chaire de chimie de l'*Institution royale de Londres*, se préparait à ses grands travaux sur l'électricité voltaïque en faisant construire une pile de dimensions imposantes dont il décrivait ainsi les effets :

« J'ai fait récemment construire, pour le laboratoire de l'*Institution*, une batterie d'une immense grandeur. Elle se compose de quatre cents paires de cinq pouces carrés, et de quarante paires d'un pied carré. Au moyen de cette batterie, j'ai pu enflammer le coton, le soufre, la résine, l'huile et l'éther ; elle fond un fil de platine, rougit et brûle plusieurs pouces d'un fil de fer d'un trois-centième de pouce en diamètre ; elle fait bouillir facilement les liquides, tels que l'huile et l'eau ; elle les décompose et les transforme en gaz. »

Pendant que les physiciens s'occupaient, grâce à la nouvelle disposition de la pile imaginée par Cruikshank, d'étudier les effets physiques produits par l'électricité en mouvement, les physiologistes, de leur côté, s'employaient avec ardeur à rechercher la connexion qui pouvait exister entre les effets du galvanisme et les phénomènes vitaux. Dans ce but, ils observaient sans cesse l'action du courant de la pile sur l'économie animale.

Les espérances que l'on avait conçues de faire servir l'électricité dynamique à l'explication des phénomènes de la vie, étaient, en effet, loin d'être abandonnées. Depuis les travaux de Galvani, cette pensée était toujours présente à l'esprit des savants. Volta, en faisant connaître pour la première fois, l'instrument qu'il avait découvert, ne l'avait guère présenté que comme devant servir, mieux que la bouteille de Leyde, à provoquer les contractions musculaires des animaux. C'est encore la même idée qui avait surtout frappé le premier consul, et avec lui, l'Institut tout entier.

Si l'on concevait quelques doutes sur ce dernier point, il nous suffirait de rappeler ici les termes du programme publié par l'Institut à propos du grand prix proposé en 1801 pour les progrès du galvanisme. Les observations suivantes, qui terminent ce programme, contiennent le véritable complément de la pensée du premier consul :

« C'est surtout dans leur application à l'économie animale, est-il dit dans ce rapport, qu'il importe de considérer les appareils galvaniques. On sait déjà que les métaux ne sont pas les seules substances dont le contact détermine le développement de l'électricité ; cette propriété leur est commune avec quelques autres corps, et il est probable qu'elle s'étend avec des modifications à tous les corps de la nature. Les phénomènes qu'offrent la torpille et les autres poissons électriques ne dépendent-ils pas d'une action analogue qui s'exercerait entre les diverses parties de leur organisation, et cette action n'existe t-elle pas avec un degré d'intensité moins sensible, mais non moins réel, dans un nombre d'animaux beaucoup plus considérable qu'on ne l'a cru jusqu'à présent ? L'analyse exacte de ces effets, l'explication complète du mécanisme qui les détermine, et leurrapprochement de ceux que présente la colonne de Volta, donneraient peut-être la clef des secrets les plus importants de la physique animale. En considérant ainsi l'ensemble de ces phénomènes, on pressent la sensibilité d'une grande découverte qui, en dévoilant une nouvelle loi de la nature, les ramènerait à une même cause et les lierait à ceux que nous a offerts, dans les minéraux, le mouvement de l'électricité. »

Bien que présentée sous la forme dubitative, la pensée qui domine dans ce programme de l'Institut, c'est bien d'assimiler les phénomènes de la vie aux effets du galvanisme.

Rappeler la présence normale de l'électricité naturelle dans le corps de certains animaux ; avancer que par le rapprochement des phénomènes électriques qui se passent dans l'organisme vivant, avec ceux que présente la colonne de Volta, « on aurait peut-être la clef des secrets les plus importants de la physique animale ; » pressentir « la possibilité d'une grande découverte qui, en dévoilant de nouvelles lois de la nature, les ramènerait à une même cause ; » c'était poser la question aussi catégoriquement que possible, et formuler l'appel le plus hardi qu'un gouvernement ou une compagnie savante ait jamais fait à la pensée publique. Ce rapprochement entre les effets du galvanisme et les phénomènes vitaux était, en effet, dans les opinions du siècle, comme il est peut-être dans la nature des choses. Quoi qu'il en soit, nous allons voir comment fut parcourue la route que les maîtres de la science désignaient du doigt aux expérimentateurs.

CHAPITRE V

ACTION DE L'ÉLECTRICITÉ DYNAMIQUE SUR L'ÉCONOMIE ANIMALE. — EXPÉRIENCE DE SULTZER. — OBSERVATION DE COTUGNO. — FAIT DE SWAMMERDAM. — IMPULSION DONNÉE PAR LES DÉCOUVERTES DE GALVANI À L'ÉTUDE DES EFFETS DE L'ÉLECTRICITÉ SUR LES MOUVEMENTS ORGANIQUES. — EXPÉRIENCES DE LARREY ET DE J.-J. SUE SUR LES CONTRACTIONS PROVOQUÉES PAR L'ARC DE GALVANI SUR DES MEMBRES AMPUTÉS. — RECHERCHES DE BICHAT. — ESSAIS FAITS À TURIN PAR VASSALIENDI, GIULIO ET ROSSI SUR LE CORPS DES SUPPLICIÉS. — EXPÉRIENCES DE NYSTEN A PARIS. — LA SOCIÉTÉ GALVANIQUE. — EXPÉRIENCES FAITES À LONDRES PAR ALDINI SUR LE CADAVRE D'UN PENDU. — RÉSULTATS OBTENUS PAR ALDINI À L'ÉCOLE VÉTÉRINAIRE D'ALFORT. — GALVANISATION DU CADAVRE DE CARNEY. — EXPÉRIENCES DES MÉDECINS DE MAYENCE SUR LES CORPS DES SUPPLICIÉS DE LA BANDE DE SCHINDERHANNES. — RÉSULTATS EXTRAORDINAIRES OBTENUS À LONDRES PAR LE DOCTEUR URE SUR LE CORPS DE L'ASSASSIN CLYDES-DALE. — CONCLUSION.

On avait observé, avant Galvani, quelques faits de peu d'importance, relativement à l'action qu'exercent sur l'économie animale les métaux placés dans certaines conditions. Mais ces phénomènes n'avaient aucunement attiré l'attention, parce qu'ils ne répondaient alors à rien de connu. D'ailleurs, ces manifestations fortuites de l'électricité animale, étaient bien faibles.

En 1760, Sultzer, professeur à l'Académie de Berlin, découvrit que deux disques de plomb et d'argent, mis en contact, développent une impression particulière, appréciable à l'organe du goût. Sultzer consigna ce fait dans un écrit qui n'avait aucun rapport avec les sciences physiques, et qui parut dans les*Mémoires à l'Académie de Berlin*, sous le titre de *Théorie générale du plaisir*[37].

« Si l'on joint, dit Sultzer, deux pièces de métal, une de plomb et l'autre d'argent, de manière que les deux bords forment un même plan, et qu'on les approche sur la langue, on sentira quelque goût assez approchant au goût de vitriol de fer ; au lieu que chaque pièce à part ne donne aucune trace de ce goût. Il n'est pas probable que, par cette conjonction des deux métaux, il arrive quelque solution de l'un ou de l'autre, et que les particules dissoutes s'insinuent dans la langue. Il faut donc conclure que la jonction de ces métaux opère dans l'un ou l'autre, ou dans tous les deux, une vibration de leurs particules, et que cette vibration, qui doit nécessairement affecter les nerfs de la langue, y produit le plaisir mentionné. »

En rapportant cette expérience, Sultzer n'avait en vue que d'expliquer, suivant les idées philosophiques de son temps, les mouvements agréables qui résultent de nos différentes sensations. Il voulait démontrer ce principe, que l'âme ne peut avoir de sensation sans un mouvement matériel excité dans les nerfs. Le fait rapporté par Sultzer n'avait donc qu'un rapport très-éloigné avec une expérience de physique, et c'est bien à tort qu'on a voulu trouver dans cette observation l'origine des découvertes de Galvani[38].

Disons en passant que l'idée inexacte de rapporter à Sultzer les premières observations relatives au galvanisme, a été émise pour la première fois dans le*Journal des Débats*, alors à son aurore : « On a prouvé aux physiciens, est-il dit dans ce journal, que la découverte du galvanisme se trouve dans un ouvrage qui a paru à Bouillon, en 1769, intitulé : *Le Temple du bonheur*. »

D'après le *Journal encyclopédique de Bologne*[39], Cotugno professeur à Naples, disséquant une souris vivante qu'il tenait d'une main dans une position fixe, éprouva, en touchant avec son scalpel, le nerf intercostal de l'animal, une petite commotion, semblable à celle que produit l'électricité. Ce fait était si exceptionnel ; il était, et il est encore pour nous si étrange, qu'il ne pouvait fixer l'attention d'aucun expérimentateur, ni engager personne à faire des recherches pour l'expliquer.

Nous devons ajouter, pour rendre complète cette revue des antécédents de la découverte de Galvani, un fait rapporté par Swammerdam, dans un ouvrage publié à la fin du XVIIe siècle, intitulé *Biblia naturœ*[40], et sur lequel Duméril a, le premier, attiré l'attention.

« Voici, dit Duméril, la description de l'appareil et de l'expérience que Swammerdam fit devant le grand duc de Toscane en 1678. Soit un tube de verre cylindrique dans l'intérieur duquel est placé un muscle, dont sort un nerf qu'on a enveloppé dans les contours d'un petit fil d'argent, de manière à pouvoir le soulever sans trop le serrer ou le blesser. On a fait passer ce premier fil à travers un anneau pratiqué à l'extrémité d'un petit support de cuivre soudé sur une sorte de piston ou de cloison ; mais le petit fil d'argent est disposé de manière qu'en passant entre le verre et le piston, le nerf puisse être attiré par la main et toucher ainsi le cuivre. On voit aussitôt le muscle se contracter. »

Cette expérience ressemble beaucoup à celle de Galvani ; mais la manière dont le physicien de Bologne fit sa découverte prouve suffisamment qu'il n'avait pas eu connaissance du fait rapporté par Swammerdam.

Les admirables travaux de Galvani, qui n'avaient eu, comme on le voit, aucun précédent sérieux, vinrent subitement dévoiler toute une série de phénomènes encore ignorés dans l'ordre des fonctions animales. Une foule d'expérimentateurs entrèrent dès lors dans cette voie séduisante.

Après Galvani, qui exécuta les expériences si variées que nous avons signalées plus haut, concernant l'action de l'arc métallique sur les contractions musculaires des animaux, c'est un chirurgien français, le célèbre Larrey, qu'il faut citer comme s'étant occupé le premier de ce genre d'expériences sur l'homme.

En 1793, Larrey communiquait à la *Société philomatique* le résultat d'une expérience très-intéressante sous ce rapport. Ayant pratiqué l'amputation de la cuisse à un homme dont la jambe avait été écrasée par une roue de voiture, il voulut répéter sur ce membre amputé, les expériences de Galvani et de Valli. En conséquence, il disséqua avec soin le nerf poplité et toutes ses ramifications. Il enveloppa ensuite d'une lame de plomb, le tronc de ce nerf, et mit à découvert les muscles gastroenémiens. Lorsqu'il vint à toucher à la fois avec une lame d'argent ces muscles et l'armature de plomb qui enveloppait le nerf poplité (figure 331), il provoqua de très-forts mouvements convulsifs dans la jambe et même dans le pied du membre amputé[41].

Fig. 331 — Larrey provoque, par le galvanisme, des contractions musculaires, sur un membre récemment amputé.

Le docteur Stark répéta avec le même succès cette expérience de Larrey. Richerand, Dupuytren et Dumas l'exécutèrent aussi[42].

Dans l'hôpital militaire établi alors à Courbevoie, la même expérience fut répétée par le chirurgien J.-J. Sue, qu'il ne faut pas confondre avec P. Sue, bibliothécaire de l'École de médecine de Paris, et auteur de l'*Histoire du galvanisme*. Ayant amputé la cuisse d'un soldat âgé de vingt-six ans, ce chirurgien enveloppa le nerf poplité d'une armature de plomb, et touchant avec une lame d'argent les muscles gastroenémiens et l'armature du nerf poplité, il provoqua des mouvements très-prononcés dans tous les muscles de la jambe.

Plusieurs autres expériences semblables faites par Gentilli, Crève et Stark, sur des bras et des jambes amputés, ont été recueillies dans un ouvrage de Pfaff publié à Kiel à propos des expériences d'Alexandre de Humboldt, et dont on trouve une analyse dans l'*Histoire du Galvanisme* de P. Sue.[43]

Un grand nombre de physiologistes s'empressèrent, en France et en Italie, de répéter ces expériences. Comme la pile de Volta n'était pas encore connue, on opérait simplement avec l'arc métallique, tel que Galvani l'avait employé. Mais en raison de la faible tension de l'électricité produite par cet appareil élémentaire, les résultats se montrèrent fort variables entre les mains des expérimentateurs. Volta, Mezzini, Valli, Klein, Pfaff, crurent observer et publièrent, que le cœur et tous les organes qui sont hors du domaine de la volonté, sont insensibles au galvanisme ; tandis que Humboldt et Fowler assuraient avoir fait contracter par le galvanisme le cœur de plusieurs animaux, et que Grapengiesser, de Berlin, disait avoir déterminé, à l'aide du même agent, les mouvements péristaltiques des intestins.

Bichat a consigné dans ses *Recherches sur la vie et la mort* les résultats des nombreuses expériences auxquelles il se livra en 1798, pour provoquer, avec des armatures métalliques, des contractions dans les muscles d'animaux récemment tués. Dans le chapitre où ce grand anatomiste traite de l'influence de la mort du cerveau sur celle du cœur, après avoir avancé que ce n'est point immédiatement par l'interruption de l'action cérébrale que le cœur cesse d'agir, il cherche à confirmer ce fait en s'appuyant sur le galvanisme, afin d'établir par tous les moyens possibles que le cœur est toujours indépendant du cerveau.

Bichat fut le premier qui soumit à l'action du galvanisme le corps des suppliciés.

Dans l'hiver de l'an VII (1798), il obtint l'autorisation de faire différents essais sur les cadavres de guillotinés, qu'on lui livrait trente ou quarante minutes après l'exécution. Mais comme il n'opérait qu'avec le simple arc métallique de Galvani, Bichat ne pouvait mettre en jeu qu'une très minime force électrique. Cette circonstance explique la variabilité et le peu d'intensité des effets qu'il observa.

Fig. 330. — Xavier Bichat.

Sur quelques cadavres, il ne put parvenir à provoquer aucune contraction musculaire. Il en excita sur un certain nombre, surtout quand il agissait sur les muscles soumis à la volonté. Mais le cœur et les organes musculaires soustraits à l'empire de la volonté, restèrent toujours insensibles à cette action.

Les expériences de Bichat, qui firent alors beaucoup d'impression dans le monde savant, avaient pourtant peu de valeur en elles-mêmes, en raison de l'insuffisance de la source d'électricité qui fut employée.

Cependant, Volta ayant découvert la pile, les physiologistes eurent, dès ce moment, entre les mains un agent puissant et certain pour la production de l'électricité dynamique. Les expérimentateurs reprirent donc à son aide, et avec une ardeur nouvelle, l'étude de l'électricité animale.

Peu d'années auparavant, Alexandre de Humboldt avait réussi à ranimer quelques instants une linotte expirante, par l'application de deux simples lames de zinc et d'argent. Pour essayer de ramener à la vie, au moyen d'une action galvanique, des animaux près de mourir, de Humboldt, qui débutait alors dans la carrière des sciences, prit une linotte à demi morte. L'oiseau était déjà renversé et avait les yeux fermés ; il était insensible à la piqûre d'une épingle, lorsque le jeune expérimentateur lui plaça dans le bec une petite lame de zinc, et dans le rectum un petit tuyau d'argent. Ensuite, il établit la communication entre les deux métaux au moyen d'un fil de fer conjonctif. « Quel fut mon étonnement, dit de Humboldt, lorsque, au moment du contact, l'oiseau ouvrit les yeux et se releva sur ses pattes en battant des ailes. » La linotte respira pendant six ou huit minutes, et cessa de donner aucun signe de vie.

Ce fait fut accueilli partout avec un grand intérêt. Quelle espérance ne pouvait-on pas concevoir pour l'électricité animale, de l'emploi de l'instrument merveilleux découvert par Volta ! Puisque le contact de deux pièces de métal avait suffi pour produire des contractions musculaires très-vives dans les membres mutilés des petits animaux, et principalement d'animaux à sang froid, tels que les grenouilles, puisqu'un petit couple galvanique pouvait ramener à la vie un oiseau près d'expirer, la pile de Volta devait reproduire le même genre de phénomènes avec une bien plus grande intensité et sur les animaux de toutes les classes.

Aussi le physicien de Pavie avait-il à peine publié la description de son*appareil électromoteur*, qu'Aldini et divers autres expérimentateurs italiens s'empressaient d'exécuter avec la pile, les expériences de l'électricité animale que l'on n'avait tentées jusque-là qu'avec l'arc de Galvani.

Vassali-Endi, Giulio et Rossî, physiciens piémontais, furent les auteurs des premières expériences faites en Italie, au moyen de la pile de Volta, sur le corps des suppliciés.

Trois individus ayant été décapités à Turin Vassali-Endi, Giulio et Rossi soumirent à des expériences galvaniques le corps de ces malheureux.

Ils commencèrent par enfoncer dans le canal des vertèbres cervicales, une lame de plomb, destinée à armer la moelle épinière. Ils touchèrent ensuite à la fois avec un arc d'argent, l'armature de plomb, la moelle épinière et le cœur, c'est-à-dire qu'ils opérèrent, dans cette première expérience, avec l'arc de Galvani, comme on l'avait fait jusque-là. Mais on obtint des contractions musculaires beaucoup plus prononcées en faisant usage de la pile. On reconnut ainsi que le cœur se contractait par l'action du courant électrique, mais qu'il perdait sa contractilité quarante minutes après la mort, et lorsque le même excitant déterminait encore de fortes contractions dans le système musculaire des membres.

Pour éclaircir plusieurs points demeurés irrésolus dans les observations des physiologistes de Turin, Nysten, savant médecin de la Faculté de Paris, auteur du *Dictionnaire de Médecine* que tant de générations d'élèves ont feuilleté, entreprit un grand nombre d'expériences dans le détail desquelles nous n'entrerons pas, et qui furent répétées, sous les yeux de Hallé, dans les cabinets d'anatomie de l'Ecole de médecine[44].

Il se forma à cette époque, à Paris une *Société galvanique* pour se livrer exclusivement à l'étude de l'électricité animale. Le docteur Nauche était le président de cette société, qui exécuta un grand nombre d'expériences, passablement confuses, tant sur l'homme que sur les animaux inférieurs. Les principaux membres de cette société étaient Bonnet, Nysten, Pajot-Laforest, Dudoyon, Petit-Radel, Alizeau, Lamartillière et le fameux Guillotin.

La *Société galvanique* avait obtenu l'autorisation de soumettre à ses études le corps des suppliciés. Les résultats obtenus dans ces expériences produisirent beaucoup d'impression sur l'esprit des physiologistes, et les poussèrent à s'engager de plus en plus dans l'examen de ces étranges phénomènes.

On ne lira pas sans émotion les détails suivants donnés par Nysten, des circonstances qui accompagnèrent l'une de ses expériences faite le 14 brumaire an XI sur le corps d'un supplicié. Nous citerons textuellement ce dramatique récit, pour donner une idée de l'espèce de fièvre expérimentale qui agitait les médecins de cette époque :

« Qu'il me soit permis, dit Nysten, de faire un récit succinct des peines que je me suis données et des dangers que j'ai courus ce jour-là pour satisfaire mon zèle.

« Je sors à dix heures du matin de chez moi, l'appareil vertical de Volta à la main, pour me rendre à un des pavillons de l'École de médecine et y continuer mes expériences. En entrant dans la rue de l'Observance, j'entends annoncer par un colporteur la condamnation d'un criminel à la peine de mort, J'achète le jugement et je vois qu'il doit être mis à exécution le même jour, 14 brumaire. Je me rends chez le citoyen Thouret, directeur de l'École. Je lui témoigne le désir que j'ai de tenter sur le cœur de l'homme les expériences que j'ai faites sur le cœur de plusieurs animaux. J'ajoute qu'on va supplicier un criminel et que si je suis secondé, j'ai résolu de faire toutes les démarches nécessaires pour ne pas laisser échapper une semblable occasion. Le citoyen Thouret s'empresse d'écrire à ce sujet au préfet de police. Je me transporte à la préfecture. J'obtiens une autorisation en vertu de laquelle le corps de celui qu'on allait faire mourir est mis à ma disposition après sa décapitation, c'est-à-dire dès qu'il serait conduit au cimetière Sainte-Catherine. Muni de l'autorisation de la police, j'arrive bientôt sur la place de Grève, et là, en attendant le malheureux que la justice devait frapper de son glaive, je réfléchis que le chemin qui conduit de ce lieu au cimetière est fort éloigné, qu'une charrette ne va ordinairement qu'au pas du cheval qui la conduit, et par conséquent avec beaucoup de lenteur, enfin, qu'il est possible qu'une circonstance imprévue retarde quelque temps son départ après l'exécution. Ces difficultés pouvant s'opposer à la réussite de mon expérience, je crois devoir courir au Palais de justice dans l'intention de les lever, si j'en trouve les moyens. Je franchis les barrières que m'opposent les sentinelles postées à la grille du palais ; j'engage le conducteur de la charrette à faire aller son cheval le plus promptement possible de la place de Grève jusqu'au cimetière, et je lui promets de lui en témoigner ma reconnaissance. Dans le même but, je vais trouver le brigadier des gendarmes qui devait escorter le triste convoi, je fais plus, je parle à l'exécuteur. Il ne me reste que le temps nécessaire pour retourner au lieu de l'exécution. À peine y suis-je arrivé que je vois tomber le coup fatal. Un spectacle si affreux me fait frémir d'horreur. Cependant je me recueille et cours au cimetière. Je présente au concierge mon autorisation et lui demande un local, Il me répond qu'il n'en a pas et m'objecte que je ne puis me livrer à un travail anatomique dans un endroit public où il arrive à chaque instant des convois. J'aperçois au milieu du cimetière une large fosse récemment creusée et de la profondeur de 50 à 60 pieds. Je prie le concierge de m'en accorder un petit coin. Après plusieurs objections, il se rend à mes instances. Une portion de cette fosse n'était encore creusée qu'à quinze pieds du sol. C'est à cette espèce d'étage que je donne la préférence ; il me procurait l'avantage de profiter encore pour quelque temps de la lumière du jour et d'obtenir plus promptement ce dont je pouvais avoir besoin dans le cours de mon travail. J'y fais placer le cadavre et j'y descends moi-même. À peine suis-je arrivé au bas de l'échelle qu'une odeur sépulcrale vient frapper mon odorat et que l'atmosphère humide de ce séjour des morts, arrêtant tout d'un coup la sueur qui ruisselait de tous les points de la surface de mon corps, me fait éprouver une sensation semblable à celle d'un bain de glace. Qu'on juge par là du danger auquel ma santé était exposée ! Mais ce n'est pas tout : mon laboratoire considérablement rétréci par un énorme monceau de pierres, avait, tout au plus six pieds de long sur quatre de large, et le sens de sa longueur était dans la direction du fond de la fosse, de manière que lorsque je voulais passer d'un côté du cadavre à l'autre, je me trouvais au bord d'un précipice affreux où j'ai été sur le point de tomber plusieurs fois pendant le cours de mes expériences. Je passe sous silence les incommodités relatives à l'expérience elle-même, telles que la situation du cadavre sur la terre, mon bureau composé de trois ou quatre pierres posées les unes sur les autres, le siège vacillant de mon appareil galvanique, et la terre que des ouvriers travaillant au-dessus de la fosse faisaient à chaque instant tomber sur ma tête[45]. »

Le physicien Jean Aldini, neveu de Galvani et son auxiliaire pendant la longue lutte soutenue contre Volta, s'était occupé le premier, comme nous l'avons déjà dit, de provoquer des contractions organiques sur les cadavres des animaux, au moyen de la pile de Volta. En 1801, il eut l'occasion de répéter, à Bologne, les expériences faites par les trois physiologistes de Turin, Vassali-Endi, Giulio et Rossi : il galvanisa le corps de deux suppliciés.

« De toutes les expériences exposées dans la section précédente, dit Aldini dans son grand ouvrage : *Essai sur le galvanisme*, on pouvait conjecturer, par analogie, l'effet de l'action du galvanisme sur un sujet plus noble, sur l'homme, unique but de mes recherches ; mais pour juger sûrement de ce que peut réellement sur lui cette cause merveilleuse, il fallait s'en tenir à de certaines conditions, et l'appliquer après la mort. Les cadavres d'hommes qui avaient succombé à une maladie étaient peu propres à mon objet, parce qu'il est à présumer que le développement du principe qui conduit à la mort détruit tous les ressorts de la fibre ; d'où il résulte même que les humeurs sont viciées et dénaturées. Il fallait donc saisir le cadavre humain dans le plus haut degré de la conservation des forces vitales après la mort ; et pour cela je devais, pour ainsi dire, me placer à côté d'un échafaud, et sous la hache de la loi, pour recevoir de la main d'un bourreau des corps ensanglantés, sujets seuls vraiment propres à mes expériences. Je profitai donc de l'occasion de deux criminels décapités à Bologne, que le gouvernement accorda à ma curiosité physique. La jeunesse de ces suppliciés, leur tempérament robuste, la plus grande fraîcheur des parties animales, tout cela m'inspira l'espoir de recueillir des résultats utiles des expériences que je m'étais auparavant proposées. Quoique accoutumé à un genre pacifique d'expériences dans mon cabinet de physique, quoique éloigné de l'habitude de faire des dissections anatomiques, l'amour de la vérité et le désir de répandre quelques lumières sur le système du galvanisme remportèrent sur toutes mes répugnances, et je passai aux expériences suivantes[46]. »

Aldini décrit ensuite les résultats qu'il obtint avec le secours des médecins et des physiologistes qui l'assistèrent dans ses observations. Mais de toutes les expériences faites par Jean Aldini, celle qui fit le plus de bruit eut lieu à Londres, le 17 janvier 1803, pendant le voyage qu'il avait entrepris pour faire connaître ces curieux phénomènes.

Forster, pendu comme meurtrier, fut le sujet de cette expérience. Il était âgé de vingt-six ans et d'une constitution robuste. Après l'exécution, son corps fut exposé pendant une heure sur la place de Newgate par un temps très-froid. Le cadavre fut remis à M. Koate, président du Collège des chirurgiens de Londres, qui procéda, de concert avec Aldini, aux essais de galvanisation du cadavre au moyen d'une pile à colonne de cent vingt couples, zinc et cuivre.

Deux fils métalliques conducteurs communiquant avec les deux pôles opposés de la pile, ayant été appliqués, l'un à la bouche et l'autre à une oreille du cadavre, préalablement humectées d'une dissolution de sel marin, les joues et les muscles de la face se contractèrent horriblement, et l'œil gauche s'ouvrit de toute sa grandeur. On observa, en graduant l'intensité de l'agent électrique, que la violence des contractions musculaires était en proportion du nombre des couples métalliques mis en action.

Les arcs conducteurs de la pile étant mis en contact avec les deux oreilles, tous les muscles de la tête furent agités de frémissements. L'action convulsive se propageant à la face, les traits du cadavre furent en proie à des contractions désordonnées ; les paupières ne cessaient de clignoter et les coins de la bouche d'être tiraillés hideusement.

En appliquant les conducteurs de la pile à une des oreilles et au rectum, les muscles du tronc, même les plus éloignés des points de contact des deux conducteurs, furent agités de mouvements si vifs, que le cadavre semblait reprendre la vie.

L'intensité des contractions organiques fut encore exaltée, lorsque Aldini vint à associer des stimulants chimiques à l'action du galvanisme. En versant de l'ammoniaque dans les narines et dans la bouche du cadavre, tandis que le courant électrique traversait les muscles de la face, les convulsions se propageaient jusqu'aux muscles de la tête et du cou, et même jusqu'au *deltoïde*, c'est-à-dire à l'extrémité supérieure du bras. Les contractions étaient si violentes, si analogues aux mouvements naturels, « qu'il semblait, dit Aldini, que, par impossible, la vie allait être rétablie. »

Aldini conclut de ces expériences, que le galvanisme pourrait peut-être agir efficacement pour rappeler à la vie les asphyxiés et les noyés, c'est-à-dire les individus chez lesquels la vie n'est pas encore absolument éteinte, et ce moyen a été depuis assez souvent mis en pratique.

Des expériences semblables furent faites à Londres par Aldini, dans l'amphithéâtre de l'hôpital de Guy et Saint-Thomas, en agissant sur des animaux décapités.

C'est dans l'*Essai théorique et expérimental sur le galvanisme*, publié à Paris en 1804, et dédié au premier consul Bonaparte, qu'il faut chercher les détails des étonnants résultats obtenus par l'expérimentateur italien, en faisant agir le galvanisme sur les animaux récemment tués[47]. On peut voir dans ce curieux ouvrage, comment, avec une pile à colonne composée d'une centaine de couples, tous les mouvements de la vie furent reproduits avec une effrayante énergie, soit sur des chevaux, des bœufs, des veaux, récemment abattus, soit sur les cadavres d'hommes qui avaient succombé à une mort naturelle.

Sur des têtes séparées du tronc, surtout quand les sujets étaient des chevaux, animaux qui se prêtent le plus facilement à ce genre d'expériences, on vit les lèvres remuer, les paupières se rouvrir, les yeux rouler dans leur orbite. Avec des cadavres humains, on vit le tronc, agité de mouvements violents, se soulever à moitié, comme si l'individu allait marcher ; les bras fléchir et s'étendre alternativement le long du corps, l'avant-bras se lever, tenant à la main un poids de quelques livres, les poings se fermer et battre violemment la table qui supportait le cadavre. Les mouvements naturels de la respiration furent artificiellement rétablis, et par le rapprochement subit des côtes, une bougie placée devant la bouche fut éteinte à plusieurs reprises.

En reconnaissance du zèle que Jean Aldini avait apporté à ces expériences, les chirurgiens et les élèves de l'*hôpital de Guy* lui firent hommage d'une médaille d'or qui portait d'un côté les armoiries de l'établissement, et de l'autre, une légende, entourée d'une guirlande de chêne[48].

Aldini fit, en France, des expériences semblables, mais en opérant seulement sur de grands animaux. Les plus importantes eurent lieu à l'Ecole vétérinaire d'Alfort. On soumit à un courant électrique la tête d'un bœuf détachée du tronc et placée sur une table. On vit cette tête ouvrir les yeux et les rouler avec furie, enfler ses naseaux, secouer les oreilles, comme si l'animal eût été vivant. Les ruades du cadavre d'un autre cheval faillirent blesser plusieurs assistants, et brisèrent les appareils disposés sur la table.

On trouve la description très-détaillée de ces expériences dans l'ouvrage d'Aldini, auquel nous renvoyons les personnes qui veulent se faire une idée exacte des étonnants effets qu'exerce l'électricité sur le corps des animaux.

Pendant plusieurs années, on s'attacha, dans diverses parties de l'Europe, à reproduire les phénomènes mis en évidence par l'habileté de Jean Aldini dans ces sortes d'expériences.

En Angleterre, l'anatomiste Carpne obtint de très-curieux

résultats sur le cadavre de l'assassin Michel Carney[49]. Comme ces phénomènes ne présentèrent rien de plus remarquable que ceux qu'Aldini avait obtenus sur le corps de Forster, nous les passerons sous silence pour arriver aux essais du même genre, qui furent faits peu de temps après par une réunion de médecins de Mayence.

Le 21 novembre 1803, le fameux chef de brigands Schinderhannes, fut exécuté, avec dix-neuf de ses complices, sur la place publique de Mayence, alors ville française.

Grâce à la protection des autorités, plusieurs médecins de cette ville prirent les mesures nécessaires pour faire profiter la science de cette rare et triste occasion de recherches physiologiques.

Le but des médecins mayençais était de déterminer quels sont les degrés d'action et d'énergie de l'agent galvanique sur les divers organes du corps humain, et de rechercher en même temps, si l'électricité statique, développée par les machines à frottement, produit, dans ces circonstances, le même effet que l'électricité dynamique fournie par la pile de Volta.

À cent cinquante pas de l'échafaud, on disposa une cabane destinée à recevoir les décapités. Elle était pourvue de tous les instruments nécessaires pour soumettre les corps, que l'on devait y apporter successivement, à l'action de l'électricité statique et de l'électricité dynamique.

Le jour de l'exécution, l'atmosphère était humide et nébuleuse, la température de la cabane était de 15 degrés centigrades.

Le premier cadavre fut apporté quatre minutes après la décollation. Il était jeune, robuste et encore très-chaud. Les muscles se contractaient spontanément. Les artères du cou battaient visiblement, et le sang jaillissait encore à chaque pulsation.

Le second cadavre ne fut apporté que vingt-deux minutes après l'exécution. Il conservait encore un reste de chaleur.

Le troisième n'arriva que plus tard. Il était vieux et froid et avait perdu presque toute irritabilité.

Le quatrième ne fut apporté que deux heures après l'exécution ; il était par conséquent plus froid que les précédents. C'est sans doute en raison de cette circonstance que les expérimentateurs se contentèrent d'opérer sur ces quatre corps et abandonnèrent le reste des individus suppliciés.

Comme les moyens opératoires employés par les physiologistes mayençais, ne différérent point de ceux que nous avons précédemment décrits, nous nous contenterons de rapporter, sous forme de conclusions, les résultats obtenus, et qui peuvent se formuler comme il suit :

1° Les contractions musculaires que l'on provoque, avec la pile de Volta, sur le corps des individus récemment décapités, sont semblables à celles qui se produisent pendant la vie.

2° La pile de Volta agit d'une manière beaucoup plus prononcée sur les muscles soumis à l'empire de la volonté que sur ceux qui sont soustraits à cette influence. Les contractions les plus fortes furent produites dans les muscles de la face, de la poitrine, des membres et dans le diaphragme ; c'est là ce qui explique le peu de sensibilité à l'influence électrique de la tunique musculaire des intestins et des parois du cœur.

3° La pile de Volta exerce une action d'autant plus marquée que l'on applique les conducteurs plus exactement suivant la direction des nerfs.

4° L'électricité statique produit, mais à un plus faible degré, les mêmes effets que l'électricité dynamique.

Les expériences faites par les médecins de Mayence, sur les criminels décapités, furent ensuite répétées identiquement sur des animaux à sang chaud, et donnèrent les mêmes résultats[50].

Au tableau qui précède nous ajouterons un dernier trait, qui peint bien l'époque où furent accomplies ces étranges recherches.

On avait beaucoup agité en France, peu de temps auparavant, à l'instigation et d'après les assertions expérimentales de Suc, la question de savoir si des individus décapités souffrent quelques minutes après la décollation, et si les organes des sens qui résident dans la tête, sont encore accessibles, pendant quelque temps, aux impressions externes.

Pour décider si le sentiment du *moi* persiste quelque temps après la décapitation, deux jeunes médecins, de l'*association de Mayence*, s'étaient placés sous l'échafaud, et recevaient successivement les têtes, à mesure qu'elles tombaient sous le couteau fatal. L'un prit entre ses mains la première tête, et tous deux, l'ayant considérée attentivement pendant quelques instants, ils n'y aperçurent aucun mouvement, aucune contraction sensible. Les yeux étaient à demi fermés. Alors, l'un des expérimentateurs cria, tantôt dans l'une, tantôt dans l'autre des deux oreilles, ces mots : *M'entends-tu* ? pendant que son compagnon, qui tenait la tête, observait attentivement l'effet que ces cris auraient pu produire. Mais aucun mouvement ne fut observé dans toute l'étendue de la face.

Fig. 332. — Expériences faites par les médecins de l'*Association de Mayence*, le 21 novembre 1803.

Une seconde tête fut soumise à la même épreuve. Seulement les expérimentateurs changèrent de rôle : celui qui avait tenu la tête, dans l'essai précédent, fut chargé de crier, l'autre, au contraire, d'observer. Mais il ne se manifesta pas plus de sensibilité dans ce cas que dans le précédent.

Cinq têtes subirent successivement cette triste épreuve. Les résultats furent constamment les mêmes : les yeux de toutes les têtes abattues ne firent jamais le moindre mouvement. Ils demeurèrent fixes, immobiles et ouverts.

Ainsi le sentiment des impressions externes ne persiste pas un seul instant après la décapitation.

Détournons les yeux de cet affreux tableau dont aucun désir de curiosité philosophique ou scientifique ne peut voiler l'horreur !

C'est dans les années 1803 et 1804 que s'étaient accomplies les étranges expériences que nous venons de rappeler. Pour terminer ce sujet, nous rapporterons une dernière observation du même genre, qui eut lieu en Angleterre, plusieurs années après, et dans laquelle les effets qui nous occupent prirent une effroyable énergie.

Il s'agit des expériences galvaniques qui furent faites le 4 novembre 1818, à Glasgow, sur le corps de l'assassin Clydsdale, par le docteur Andrew Ure et quelques autres physiologistes anglais, qui avaient acheté du criminel condamné à mort son propre cadavre, afin de le soumettre aux épreuves de la pile de Volta.

L'individu qui fut le sujet de cette expérience, était un homme d'environ trente ans, de moyenne taille et de formes athlétiques. Il demeura pendant près d'une heure, attaché au gibet, sans faire aucun mouvement. On le porta à l'amphithéâtre anatomique de l'Université, dix minutes environ après qu'on l'eut détaché de l'instrument du supplice. La face avait un aspect naturel et le cou n'offrait aucune dislocation.

La pile voltaïque, préparée par le docteur Ure, pour cette expérience, était une pile à auges contenant deux cent soixante-dix couples, cuivre et zinc, de quatre pouces. Chaque fil conducteur communiquant avec les deux pôles se terminait par une pointe métallique enveloppée, près de son extrémité, d'une petite poignée isolante, pour le manier plus commodément.

Les officiers de police ayant apporté le cadavre, la pile fut aussitôt chargée avec un mélange d'acides sulfurique et azotique, convenablement étendus. M. Marshall exécuta les dissections.

On commença par pratiquer au-dessous de l'occiput, une grande incision, afin de découvrir la vertèbre *atlas*, dont on enleva la moitié postérieure, de manière à mettre la moelle épinière à nu. On fit, en même temps, une grande incision à la hanche gauche, pour découvrir le nerf sciatique. La tige métallique qui communiquait avec l'un des pôles de la pile, fut alors mise en contact avec la moelle épinière ; tandis que celle qui communiquait avec l'autre pôle était appliquée sur le nerf sciatique. À l'instant tous les muscles du corps furent agités de violents mouvements convulsifs, qui ressemblaient à un frisson universel. Quand on rétablissait et interrompait alternativement le courant électrique, tout le côté gauche du corps éprouvait de vives convulsions.

On fit alors une petite incision au talon, de manière à mettre à nu le tendon d'Achille. L'un des conducteurs de la pile était maintenu, comme précédemment, en contact avec la moelle épinière ; l'autre fut appliqué sur la petite incision faite au talon du supplicié, dont on avait préalablement plié les genoux. Dès que la communication électrique fut établie, la jambe, qui se trouvait fléchie sur la cuisse, se détendit subitement. Elle fut lancée avec tant de violence, qu'elle faillit renverser un des aides qui essayait en vain de la retenir.

On se mit ensuite en devoir de rétablir par l'agent électrique, les mouvements de la respiration. À cet effet, on mit à nu le nerf diaphragmatique gauche, vers le bord externe du muscle sterno-thyroïdien, à trois ou quatre pouces au-dessous de la clavicule. On fit ensuite une petite incision sur le cartilage de la cinquième côte, et l'un des conducteurs de la pile fut mis, par cette ouverture, en contact avec le diaphragme, tandis que l'autre était appliqué, dans la région du cou, sur le nerf diaphragmatique.

Le résultat fut prodigieux. À l'instant, on vit se rétablir sur le cadavre les phénomènes mécaniques d'une forte et laborieuse respiration. La poitrine s'élevait et s'abaissait ; le ventre était poussé en avant, et s'affaissait ensuite ; le diaphragme se dilatait et se contractait, comme dans la respiration naturelle. Ces divers mouvements se manifestèrent sans interruption, aussi longtemps que le courant électrique fut maintenu. « Au jugement de plusieurs savants qui étaient témoins de la scène, dit le docteur Ure, cette expérience respiratoire fut peut-être la plus frappante qu'on eut jamais faite avec un appareil scientifique. »

Le docteur Ure ajoute qu'il est permis de supposer que la circulation se serait établie, et que l'on aurait vu battre le cœur et les artères, si le sujet n'eût été épuisé de sang, stimulant essentiel de cet organe.

Après avoir artificiellement rétabli les phénomènes mécaniques de la respiration, on mit en jeu les muscles de la face, qui sont si impressionnables par l'électricité. Pour cela, au moyen d'une légère incision faite au-dessus du sourcil, on découvrit le nerf sus-orbital, sur lequel fut appliqué l'un des conducteurs de la pile ; l'autre fut mis en rapport avec la plaie du talon. Le docteur Ure excita alors des commotions électriques en promenant la plaque métallique, qui formait l'un des pôles de la pile, le long des bords de cet appareil, depuis la deux-cent-vingtième jusqu'à la deux-cent-vingt-septième plaque. De cette manière, cinquante commotions électriques qui se succédaient avec la plus grande rapidité, et dont l'intensité s'accroissait successivement, furent produites en deux secondes. Rien ne peut rendre ce qui se passa alors sur le visage du cadavre. Tous les muscles de la face furent mis en action à la fois d'une manière effroyable, exprimant tour à tour des sentiments opposés. La rage, l'angoisse, le désespoir, enfin des sourires affreux, se peignirent successivement sur les traits de l'assassin. Plusieurs personnes, qui assistaient à ce spectacle hideux, en éprouvèrent un tel saisissement qu'elles furent forcées de quitter l'amphithéâtre ; un *gentleman* tomba évanoui et dut être emporté au dehors : à la suite de l'émotion qu'il avait éprouvée, il demeura pendant plusieurs jours frappé d'une véritable obsession morale.

On termina ces terribles scènes en mettant en action, par le fluide électrique, les articulations des doigts de la main. En faisant passer le courant de la moelle épinière au nerf cubital, on vit les doigts se mouvoir avec autant d'agilité que ceux d'un joueur de violon. Un des assistants essaya de maintenir fermé le poing du cadavre ; mais la main s'ouvrait en dépit de ses efforts. Ensuite, après avoir préalablement fermé le poing du sujet, on appliqua le conducteur de la pile, sur une légère incision faite au bout du doigt indicateur. Le doigt s'étendit aussitôt, et le bras tout entier fut pris de mouvements convulsifs.

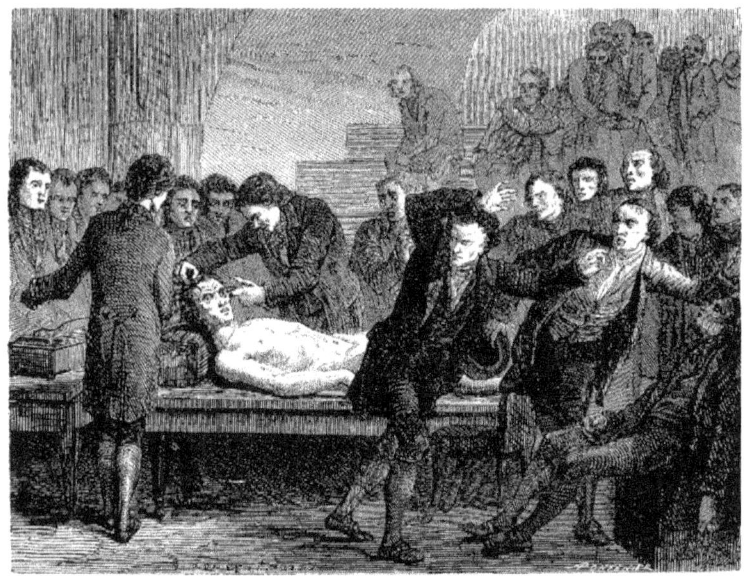

Fig. 333. — Le docteur Ure galvanisant le corps de l'assassin Clydsdale.

Le cadavre semblait ainsi montrer du doigt les différents spectateurs, dont quelques-uns, terrifiés, le croyaient revenu à la vie.

Le docteur Ure n'était pas éloigné d'admettre que le sujet de ces expériences extraordinaires eût pu être ramené à l'existence, si, dans les premières opérations, la moelle épinière n'eût été entamée et dilacérée. Il pensait qu'on aurait pu le ramener à la vie, si l'on eût commencé, comme il l'avait demandé, par rétablir les mouvements respiratoires.

« En réfléchissant, dit-il, sur les phénomènes galvaniques que nous venons de rapporter, nous sommes porté à penser que si, sans entamer et sans blesser la moelle épinière, ainsi que les vaisseaux sanguins du cou, on eût mis en jeu d'abord les organes pulmonaires, comme je le proposais, il y a quelques probabilités qu'on aurait pu restaurer la vie. Cet événement, sans doute peu désirable dans le cas d'un assassin, et peut être contraire à la loi, aurait été cependant bien pardonnable dans une circonstance où il aurait été infiniment honorable et utile à la science[51]. »

Il paraît même que, parmi les personnes qui assistaient à la galvanisation du cadavre de Clydsdale, ou qui avaient demandé qu'on y procédât, il s'en trouvait plusieurs qui n'avaient agi que dans l'espoir secret de voir revenir à la vie le supplicié ; on se proposait ensuite de le moraliser, de le ramener à la vertu, et de le marier.

M. le docteur Duchenne (de Boulogne), a fait, de nos jours, une application aussi nouvelle qu'intéressante des effets physiologiques du courant de la pile à l'étude du mécanisme de la physionomie humaine.

Nous mettons sous les yeux du lecteur l'appareil dont fait usage M. Duchenne (de Boulogne) pour provoquer les contractions musculaires de la face. C'est l'appareil que ce physiologiste désigne sous le nom à l'*appareil volta-faradique.* Nous n'en donnerons pas pour le moment la théorie, qui exige la connaissance des phénomènes de l'électricité d'induction, phénomènes qui ne seront exposés par nous, que dans la notice suivante. Pour le moment la vue de l'appareil électrique destiné à provoquer la contraction, suffira à l'intelligence de ce qui va suivre.

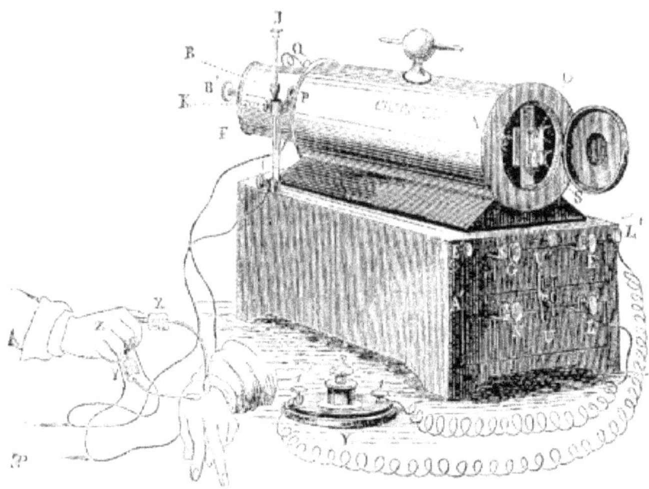

Fig. 334. — Appareil de M. Duchenne (de Boulogne).

CHAPITRE V

M. Duchenne (de Boulogne) a trouvé que les muscles de la face ont exceptionnellement la propriété de pouvoir se contracter isolément, parce qu'ils ont des points d'appui fixes. Les contractions simultanées ou associées deplusieurs muscles, ont pour but de modifier, d'augmenter, de diminuer ou d'altérer l'expression produite par un seul des muscles. En les étudiant tantôt isolément, tantôt deux à deux, trois à trois, suivant qu'ils se contractent seuls, ou qu'ils s'associent, pour peindre sur le visage un état particulier de l'âme, M. Duchenne (de Boulogne) est arrivé à établir leur classification psychologique. Le muscle *orbiculaire des paupières*, par exemple, n'est plus considéré comme le muscle du clignement, protecteur de l'organe de la vision, mais comme traduisant tour à tour la méditation, la bienveillance, le mépris. Le *masséter* n'est plus ici un muscle masticateur, mais un organe qui exprime la colère, la fureur, etc.

Pour bien élucider le jeu des contractions faciales, M. Duchenne (de Boulogne) a étudié d'abord les contractions isolées, et il a démontré, en fixant ces mouvements par la photographie, qu'il existe des muscles qui jouissent du privilège d'exprimer à eux seuls un sentiment, ou un état psychologique particulier. Mais d'autres muscles ne font qu'ébaucher une expression ; elle est complétée par le jeu des muscles qui, seuls, n'exprimeraient rien. Faisant ensuite jouer à la fois plusieurs muscles différents, M. Duchenne (de Boulogne) a obtenu, tantôt des combinaisons expressives, tantôt des combinaisons inexpressives ou expressives discordantes. Les combinaisons inexpressives constituent la grimace, celles que nous appelons expressives discordantes, traduisent des sentiments complexes, tels que la compassion, qui est figurée par la combinaison du sourcil avec la contraction qui indique une légère souffrance.

Armé de ses rhéophores et opérant sur un sujet à intelligence obtuse et à physionomie insignifiante, M. Duchenne a pu produire artificiellement, et pour ainsi dire à froid, trente-trois expressions, qui représentent les principaux états de l'âme, le tout sans que le sujet en ait eu la moindre conscience. Il a pu fixer par la photograhie, ces marques exprimant les passions les plus violentes, pendant que la respiration restait tranquille, le pouls calme, et le cerveau tranquille. Cette collection de types vrais sera précieuse pour les arts physiques. Leur comparaison avec quelques chefs-d'œuvre de l'antiquité, a même révélé dans ceux-ci certains détails que l'on doit considérer, selon l'expression de l'auteur, comme des *fautes d'orthographe faciale*, c'est-à-dire comme des contradictions expressives, physiologiquement impossibles dans la nature, mais qu'il est facile de corriger.

Fig. 335. — Duchenne (de Boulogne).

Nous venons de dire que les études de M. Duchenne (de Boulogne) ne s'appliquent pas seulement à l'anatomie et à la physiologie. Elles trouvent dans les arts plastiques, et surtout dans la sculpture des applications pleines d'intérêt. Un écrivain compétent, un critique autorisé en ces matières, M. Ernest Chesneau à propos de l'ouvrage de M. Duchenne (de Boulogne) sur le *Mécanisme de la physionomie humaine*, a présenté, dans le journal *le Constitutionnel*, un exposé méthodique des travaux de l'auteur, dans leur application au perfectionnement des arts du dessin et de la sculpture. Pour faire connaître les travaux de M. Duchenne (de Boulogne), nous ne saurions mieux faire que de rapporter ici la savante appréciation de M. Chesneau.

« L'expression réside principalement, dit M. Chesneau, dans le jeu des muscles de la face ; elle se complète accessoirement par l'attitude et le geste. Partant de ce principe, M. Duchenne s'est jusqu'à présent plus spécialement occupé de l'action musculaire du visage, où il a cru trouver la raison d'être des lignes, des rides et des plis de la face en mouvement, de ces divers signes qui, par leurs combinaisons variées, servent à l'expression de la physionomie. Pour connaître et juger le degré d'influence exercée sur l'expression par les muscles de la face, M. Duchenne, armé de rhéophores, a provoqué la contraction de ces muscles à l'aide de courants électriques au moment où la physionomie était au repos et annonçait le calme intérieur. Il a d'abord mis chacun des muscles partiellement en action, tantôt d'un seul côté, tantôt des deux côtés à, la fois ; puis, allant du simple au composé, il a essayé de combiner ces contractions musculaires partielles en les variant autant que possible, c'est-à-dire en faisant contracter les muscles de noms différents, deux par deux et trois par trois.

Ces expériences ont produit des faits généraux que j'exposerai très-sommairement, mais qu'il est indispensable d'indiquer. Nous les rangeons sous deux grandes divisions : les contractions partielles et les contractions combinées.

Les contractions partielles, résultant de l'action de l'électricité sur un muscle ou sur un seul faisceau de muscles, peuvent être :

1° *Complètement expressives.* — Contrairement à l'opinion scientifique qui avait prévalu jusqu'aux travaux du docteur Duchenne, il existe donc des muscles qui auraient le privilège exclusif de peindre complètement, par leur action isolée, une expression qui leur est propre. Je reviendrai tout à l'heure sur ce premier point éclairé par M. Duchenne d'une lumière tout à fait inattendue.

2° *Incomplètement expressives.* — Ainsi des muscles éminemment expressifs au premier aspect, lorsqu'ils sont contractés artificiellement par le rhéophore, laissent bientôt reconnaître à l'observateur une lacune que la contraction naturelle n'eût pas permise. L'expression alors a une apparence factice ; et lui manque quelque chose ; un trait lui fait défaut, et sans ce trait, elle n'est pas complète. De là résulte la nécessité d'une contraction musculaire complémentaire. L'expérimentation a souvent appris au docteur Duchenne quels muscles devaient alors entrer synergiquement (simultanément) en contraction pour compléter cette expression.

Ces contractions forment la troisième classe, elles sont :

3° *Expressives complémentaires.* — Il est remarquable que les muscles de cette série qui s'ajoutent à ceux de la seconde pour produire, étant contractés, une expression complète, peuvent être contractés isolement, absolument inexpressifs, et n'amener qu'une simple et inexpressive déformation des traits. Utilisés par combinaison au contraire, ils viennent en aide à certaines expressions, pour les compléter ou les modifier en leur imprimant un nouveau caractère. Tous les muscles inexpressifs, par eux-mêmes n'ont pas cette propriété complémentaire. Il en est dont les contractions demeurent :

4° *Complètement inexpressives.* — Ces muscles sont d'ailleurs en bien petit nombre. Leur contraction amène un mouvement très-appréciable, mais ne produit aucune ligne expressive apparente au point de vue physionomique.

Arrivons maintenant aux faits de la seconde division, aux contractions combinées.

Ces combinaisons musculaires s'obtiennent en excitant simultanément plusieurs muscles de noms différents, d'un côté ou des deux côtés à la fois. Ces contractions combinées sont expressives, inexpressives ou expressives discordantes.

1° *Expressives.* — Le plus grand nombre des expressions physionomiques s'obtient par les contractions partielles de la première division. Il en est d'autres cependant qui exigent la synergie ou contraction simultanée de plusieurs muscles. Ces expressions sont le plus souvent elles-mêmes des expressions complexes extrêmement délicates à saisir. Par exemple, M. Duchenne fera contracter simultanément les muscles de la surprise et de la joie et il obtiendra une expression physionomique complexé, telle que l'état d'âme où nous met une heureuse nouvelle, un bonheur inattendu. Si, à ces deux expressions primordiales, il joint celle de la lubricité, cette indication sensuelle désignera le caractère spécial de la surprise ou de l'attention attirée par une cause qui flatte cette dernière passion ; on peindrait ainsi un motif souvent reproduit par les maîtres de toutes les écoles : les vieillards contemplant la chaste Suzanne. On conçoit bien que toutes les expressions primordiales ne se prêtent pas également à des combinaisons expressives et que fréquemment des contractions combinées restent :

2° *Inexpressives.* — On n'obtient dans ce cas qu'une grimace dépourvue de signification. Ce fait se produit surtout lorsqu'on essaye de combiner, dans toute leur énergie propre, des expressions opposées, comme la douleur et la joie. Cependant ces combinaisons réalisées dans un mouvement modéré peuvent amener des expressions très-naturelles et très-harmonieuses. Nous pénétrons ainsi dans les nuances les plus fugitives de l'expression par les contractions combinées de la troisième série, dites :

3° *Expressions discordantes.* — Est-ce donc une expression discordante que la touchante expression de la compassion qui s'obtient par la synergie modérée du muscle du sourire et de celui de la souffrance ? Sans doute l'action simultanée de ces muscles poussée à son maximum d'expression serait discordante ; mais dans la mesure où l'âme l'excite sous l'empire des sentiments de compassion, le résultat est trop admirable, trop harmonieux pour qu'on ne proteste point contre cette qualification d'expression discordante. Toutefois, je crois que, pour la clarté de son exposition, l'auteur a bien fait de ranger ces contractions, composées par des expressions contraires, dans une classe spéciale, au lieu de les ranger purement et simplement, comme à la rigueur il eût pu le faire, dans la première classe des contractions combinées expressives. Peut-être encore aurait-il atteint le même but en divisant cette première classe en deux séries : l'une réservée aux combinaisons que j'appellerais sympathiques, l'autre aux combinaisons antipathiques ou contradictoires conciliées.

Maintenant, pour y insister et pour montrer le grand parti que l'artiste aurait à tirer de l'ouvrage de M. le docteur Duchenne, je reviens sur cette classe si intéressante des contractions partielles complètement expressives. Avant les expériences électro-musculaires du savant physiologiste, on professait que toute expression exige le concours, la synergie de plusieurs muscles. L'assertion de M. Duchenne vient détruire cette illusion. Est-ce une assertion gratuite ? Le doute même serait presque injurieux. Cependant, la suite d'expériences par laquelle M. Duchenne est arrivé à cette conviction est si instructive en matière d'observation, elle nous montre d'une manière si impitoyable à quel point nos organes sont sujets à nous tromper, que je veux citer tout entière la page où l'auteur raconte comment il a découvert l'erreur de l'opinion classique qui affirmait que la synergie des muscles est nécessaire à toute expression, fût-ce la plus simple :

« J'ai partagé, je l'avoue, dit M. Duchenne, cette opinion, que j'ai crue même un instant confirmée par l'expérimentation électro-physiologique. Dès le début de mes recherches, en effet, j'avais remarqué que le mouvement partiel de l'un des muscles moteurs du sourcil produisait toujours une expression complète sur la face humaine. Il est, par exemple, un muscle qui représente la souffrance. Eh bien ! sitôt que j'en provoquais la contraction électrique, non-seulement le sourcil prenait la forme qui caractérise cette expression de souffrance, mais les autres parties ou traits du visage, principalement la bouche et la ligne naso-labiale, semblaient également subir une modification profonde, pour s'harmonier avec le sourcil, et peindre, comme lui, cet état pénible de l'âme. Dans cette expérience, la région sourcilière seule avait été le siège d'une contraction très-évidente, et je n'avais pu constater le plus léger mouvement sur les autres points de la face. Cependant j'étais forcé de convenir que cette modification générale des traits que l'on observait alors, paraissait être produite par la contraction synergique d'un plus ou moins grand nombre de muscles, quoique je n'en eusse excité qu'un seul. C'était aussi l'avis des personnes devant lesquelles je répétais mes expériences.

« Quel était donc le mécanisme de ce mouvement général apparent de la face ? Était-il dû à une action réflexe ? Quelle que fût l'explication de ce phénomène, il semblait en ressortir, pour tout le monde, que la localisation de l'électrisation musculaire n'était pas réalisable à la face. Je n'attendais plus rien de ces expériences électro-physiologiques, lorsqu'un hasard heureux vint me révéler que j'avais été le jouet d'une illusion.

« Un jour que j'excitais le muscle de la souffrance, et au moment où tous les traits paraissaient s'être contractés douloureusement, le sourcil et le front furent tout à coup masqués accidentellement (le voile de la personne sur laquelle je faisais cette expérience s'était abaissé sur ses yeux). Quelle fut alors ma surprise en voyant que la partie inférieure du visage n'éprouvait plus la moindre apparence de contraction ! Je renouvelai plusieurs fois cette expérience, couvrant et découvrant alternativement le front et le sourcil ;

je la répétai sur d'autres sujets, et même sur le cadavre encore irritable, et toujours elle donna des résultats identiques, c'est-à-dire que je remarquai sur la partie du visage placée au-dessous du sourcil la même immobilité complète des traits ; mais à l'instant où le sourcil et le front étaient découverts, de manière à laisser voir l'ensemble de la physionomie, les lignes expressives de la partie inférieure de la face semblaient s'animer douloureusement. Ce fut un trait de lumière ; car il était de toute évidence que cette contraction apparente et générale de la face n'était qu'une illusion produite par l'influence des lignes du sourcil sur les autres traits du visage. Il est certainement impossible de ne pas se laisser tromper par cette illusion, qui est, comme je l'ai dit précédemment, une espèce de mirage exercé par les mouvements partiels du sourcil, si l'expérimentation directe ne vient pas la dissiper. »

Quel exemple prouverait d'une manière plus éclatante l'importance et la nécessité du secours que la science doit apporter à l'observation de l'artiste ! Je l'ai choisi entre bien d'autres du même genre, tant il me paraît péremptoire et de poids, et parce qu'il nous faudra, comme conclusion tout indiquée à cet article, entrer dans l'examen d'une question toujours pendante, dans cette vieille querelle qui divise les artistes, d'une part, et d'autre part les anatomistes et les physiologistes.

Avant de continuer cet exposé des travaux de M. Duchenne (de Boulogne), il importe de prévenir quelques critiques qui, si elles étaient fondées, diminueraient et annuleraient même la valeur de ses expériences. Les objections qu'on a faites à son mode d'expérimentation sont trop sérieuses et d'autre part ne sont pas assez spécialement scientifiques pour qu'il soit ici déplacé de les exposer et de montrer de quelle manière l'auteur les réfute.

On a dit avec une apparence de raison que la sensation du rhéophore s'exerçant sur la sensibilité extrême de la face peut occasionner des mouvements involontaires et faire entrer en contraction d'autres muscles que les muscles soumis à l'action directe de l'électricité. Comment distinguer alors ces derniers mouvements de ceux qui appartiennent à l'action propre du muscle excité ? — D'après M. Duchenne, ces mouvements involontaires n'auraient lieu qu'à la première application du rhéophore et ne se reproduiraient plus chez les individus habitués à la sensation électrique. Mais, dans le but de dissiper les doutes que pourrait faire naître cette objection, l'auteur a choisi pour sujet principal de ses expériences un homme chez lequel la sensibilité faciale était pathologiquement anéantie ; en outre, ces mêmes expériences répétées sur le cadavre encore irritable ont donné des résultats identiques. On s'est demandé ensuite si la contraction partielle d'un muscle qui préside à une expression ne pourrait pas réagir sur l'âme et produire sympathiquement une impression intérieure qui provoquerait d'autres contractions involontaires, M. Duchenne oppose à cet argument spécieux de nombreuses expériences faites sur des sujets morts récemment et chez lesquels la contraction des muscles de la face a produit des mouvements expressifs absolument semblables à ceux qu'il avait obtenus sur le sujet vivant.

On a même été jusqu'à admettre la possibilité de contractions dites réflexes, provoquées par toute excitation périphérique ; on a craint qu'alors l'électrisation musculaire localisée ne fût qu'une illusion, que l'excitation électrique d'un muscle quelconque ne fût le résultat d'un ensemble de contractions réflexes et non le produit d'une contraction musculaire partielle. M. Duchenne a consacré un grand travail spécial à démontrer que le phénomène réflexe qui se développe dans certaines conditions pathologiques ne pouvait se produire à l'état normal. De plus il a fait contracter isolément des muscles humains mis à nu sur des membres nouvellement amputés, et il a prouvé que les mouvements étaient absolument les mêmes que lorsqu'il excitait les muscles homologues sur des membres non séparés du corps. Il a renouvelé ces expériences sur des animaux dont il excitait les muscles de la face, et les mouvements étaient toujours identiques, que la tête fût ou non attachée au tronc. Il ressort donc de ces expériences que lorsqu'elles sont faites sur des sujets sains, l'électrisation musculaire localisée ne provoque pas de contractions réflexes qui viennent compliquer l'action musculaire partielle.

Il ne m'appartient point de juger les conséquences que peut avoir le beau travail de M, Duchenne (de Boulogne) aux divers points de vue anatomique, physiologique et même psychologique, ce dernier point de discussion revient de droit aux philosophes ; mais nous aurons à examiner quelle est l'utilité de ces recherches au point de vue esthétique et quelles applications on peut en faire à l'étude et à la pratique des arts du dessin.

La grande utilité du travail de M. le docteur Duchenne découle de ce fait qu'il est impossible d'étudier les mouvements expressifs de la face de la même manière que les mouvements volontaires des membres. En effet, ceux-ci sont essentiellement soumis à l'influence de la volonté ; le modèle peut les poser. Il n'en est pas de même des premiers que l'âme seule a la faculté de produire fidèlement. C'est ce qui résulte des expériences de M. Duchenne, que chacun peut contrôler à l'aide des nombreuses images photographiques ajoutées au texte de son livre. C'est ce qui lui fait contredire l'opinion émise par Descartes dans son Traite des Passions. « Généralement, dit Descartes, toutes les actions tant du visage que des yeux peuvent être changées par l'âme, lorsque, voulant cacher sa passion, elle en imagine fortement une contraire, en sorte qu'on s'en peut aussi bien servir à dissimuler ses passions qu'à les exprimer. » Il est très-vrai, répond M. Duchenne, que certaines personnes, les comédiens notamment, ont l'art de feindre merveilleusement des passions qu'ils n'éprouvent point et qui n'existent réellement que sur leur physionomie ou sur leurs lèvres. Cependant, il n'est pas donné à l'homme de simuler certaines émotions, et l'observateur attentif pourra toujours, par exemple, découvrir et confondre un sourire menteur.

Les mouvements expressifs de la face ne pouvant se produire par la seule influence de la volonté et exigeant la coopération de l'âme, sont essentiellement fugaces. Les artistes le savent bien lorsqu'ils essayent de faire prendre une expression déterminée à leur modèle. Mais ils accusent trop souvent l'inintelligence du modèle lorsque c'est de son impuissance, commune à tous les hommes, qu'ils devraient se plaindre. On comprend donc quels services est appelé à rendre un ouvrage qui leur donne avec toute la précision scientifique les règles des lignes expressives de la face en mouvement, ce que l'auteur appelle « l'orthographe de la physionomie ».

Assurément l'art n'a pas attendu les découvertes de la science pour exprimer les passions au moyen de la peinture ou de la statuaire. Bien des peintres ont même essayé de réunir, pour l'enseignement, des suites de figures d'expression, Le Brun entre autres. Mais, n'ayant pas de méthode certaine et qui reposât sur des principes sûrs ; forcés, par conséquent, de s'en rapporter à leur observation qui n'était pas toujours assez subtile pour saisir le détail des lignes caractéristiques de telle ou telle passion, de tel ou tel sentiment, il devait leur arriver en bien des cas de donner des expressions incomplètes, ou, ce qui est plus grave, d'ajouter d'inspiration aux lignes expressives bien observées des lignes imaginaires et contradictoires. Il est donc assez rare de trouver une œuvre d'art — fût-elle signée de l'un des plus grands noms — qui, au point de vue qui nous occupe, ne présente pas quelque faute d'orthographe. M. Duchenne en a cité bien des exemples dans son travail. Il fait remarquer, par exemple, qu'il n'existe qu'une nuance très-légère entre les expressions d'extase de l'amour divin et de l'amour terrestre, nuance que les artistes n'ont pas toujours bien saisie. Dans le*Ravissement de sainte Thérèse* du Bernin, la physionomie de la sainte « respire la béatitude la plus voluptueuse, » grâce à une légère contraction du muscle transverse du nez, contraction qui joue un rôle expressif bien connu et poussé à l'extrême dans les masques de faunes et de satyres antiques. M. Duchenne relève des erreurs d'expression non moins graves dans un tableau de Poussin exposé au Louvre : *la Résurrection d'une jeune fille japonaise* ; dans un tableau presque contemporain,*l'Assassinat du président Duranti*, par Paul Delaroche. L'expression de la douleur a presque toujours été mal traduite par les artistes. Faute d'avoir connu le rôle expressif du sourcil, loin de peindre comme ils le voulaient l'image de la douleur morale ou physique, ils se sont égarés au point d'écrire sur la physionomie de leurs personnages tous les signes du bonheur extatique. Ce qui prouve bien qu'ils manquaient d'une méthode sûre en pareil cas, c'est que l'esquisse faite du premier jet donne souvent une expression juste, faussée ou profondément altérée, et de la manière la plus étrange, dans l'exécution définitive de l'œuvre. Ainsi, l'esquisse de la Cléopâtre du Guide, conservée au Musée du Capitole à Rome, est à ce point de vue infiniment supérieure au tableau définitif du Musée de Florence. Dans l'*Ecce Homo* du même peintre, conservé dans la galerie Colonna à Rome, chacune des deux moitiés de la figure porte une expression différente : de profonde douleur à droite, d'extase à gauche. Peut-on admettre que de telles contradictions soient calculées et volontaires chez l'artiste ? Assurément non.

M. Duchenne a été plus hardi encore. Avec une mesure parfaite, mais aussi avec la ferme et légitime assurance du savant, il a examiné quelques antiques célèbres et n'a pas craint d'en signaler les fautes d'expression incontestables, Il a même été plus loin : il a osé porter une main respectueuse sur l'Arrotino, sur le Laocoon, et corriger les erreurs qu'il y avait observées. Ce n'est pas nous qui blâmerons la courageuse tentative de l'auteur. Nous ne voyons pas quel profit il y aurait pour l'art à admirer les maîtres jusque dans leurs erreurs. Il me paraît bien certain, au contraire, que les maîtres eux-mêmes eussent été très-reconnaissants envers l'homme qui les eût avertis de leur méprise avec la légitime autorité qu'apporte en ces matières le docteur Duchenne.

Il remarque donc que, dans la tête de l'Arrotino, les lignes transversales qui s'étendent sur toute la largeur du front ne peuvent coexister ni avec l'obliquité ni avec la sinuosité du sourcil, parce qu'il y a antagonisme entre le muscle frontal qui produit les lignes transversales, et le muscle sourcilier qui produit le mouvement oblique et sinueux du sourcil. Cet antagonisme donne de l'incertitude à l'expression de l'Arrotino. On ne peut mettre en concordance le front et le sourcil de cette figure sans en modifier profondément la physionomie. Encore faut-il choisir. Redresse-t-on le sourcil pour le mettre d'accord avec le mouvement du front : le masque de l'Arrotino exprime l'attention, la curiosité, et se rapporte à la version qui désigne l'Arrotino sous le nom de l'Espion. Le sourcil reste-t-il oblique, au contraire, et rétablit-on alors les rapports naturels entre ce sourcil et le front en modifiant le mouvement de ce dernier : l'œil prend l'expression de la douleur, et l'image peut être, conformément à une autre version, celle du Scythe chargé par Apollon d'écorcher Marsyas.

Le lecteur peut voir maintenant que je n'avais pas exagéré l'importance au point de vue esthétique du travail de M. Duchenne[52]. »

Après cet exposé des travaux dc M. Duchenne (de Boulogne), nous n'avons plus qu'à donner l'explication des quatre dessins qui accompagnent ces pages, et qui sont destinés à former un spécimen des effets physiologiques obtenus par cet expérimentateur, en faisant jouer à volonté les muscles de la face qui traduisent les expressions de l'âme.

Fig. 336. — État normal.	Fig. 337. — Joie.
Fig. 338. — Extase.	Fig. 339. — Haine.

Expressions diverses de la physionomie humaine résultant de l'application du courant électrique sur le trajet des muscles de la face.

La première figure représente une femme dans l'état normal

de sa physionomie. La seconde, la même femme, sur laquelle l'expérimentateur, armé de ses rhéophores, excite un des muscles faciaux, dont le jeu exprime, selon lui, la *joie* à droite et le *sourire* mêlé de larmes à gauche.

La troisième, la même femme, sur laquelle l'action, convenablement appliquée, du courant électrique traduit expressivement la *douleur* à gauche et l'extase à *droite*. La quatrième enfin, l'expression de la *méchanceté* ou de la*haine*.

Ces quatre figures sont l'exacte reproduction des photographies prises par M. Duchenne (de Boulogne) pendant les expériences auxquelles la même femme a été successivement soumise.

Si nous avons décrit avec d'assez longs détails les expériences dans lesquelles on a mis en jeu, par l'action du galvanisme, les muscles des hommes et des animaux, si nous avons insisté sur les expériences d'Aldini et du docteur Ure qui ont provoqué, par l'usage de la pile, des mouvements violents de l'action musculaire sur les cadavres, à peine refroidis, d'hommes ou d'animaux, ce n'est pas dans le vain désir d'exciter par des ressorts grossiers l'intérêt ou la curiosité du lecteur. Selon nous, on a trop vite prononcé sur le peu de valeur scientifique de ces phénomènes. On a trop vite coupé court aux difficultés qu'ils soulèvent, en déclarant que l'électricité n'agit dans ce cas que comme un stimulant ordinaire, et qu'elle provoque les mouvements musculaires sur les animaux récemment mis à mort comme pourrait le faire à sa place tout autre excitant. En portant ce jugement, si généralement accepté aujourd'hui, on n'a pas tenu assez compte des faits nombreux et extraordinaires qui ont été observés. Il nous semble difficile d'admettre que l'électricité agisse, dans les cas de ce genre, comme un autre stimulant. Il n'est point de stimulant chimique capable de réveiller la sensibilité et la contractilité musculaires avec un tel degré de puissance, et d'une manière si en harmonie avec les mouvements qui s'accomplissent pendant la vie. La meilleure réponse à faire à cette explication, c'est que, lorsque Jean Aldini se livrait aux expériences dont nous avons rapporté les résultats, il attendait toujours, pour commencer ses opérations, que les organes de l'animal fussent devenus insensibles à l'action des excitants ordinaires ; il n'administrait le galvanisme que lorsque toute sensibilité par les irritants mécaniques ou chimiques, tels que l'ammoniaque, les acides, etc., avait entièrement disparu.

L'électricité n'agit donc point, comme on l'a dit tant de fois, à la manière d'un stimulant ordinaire, puisque son action s'exerce sur nos organes lorsque tout autre moyen de stimulation n'éveille plus aucune impression.

Si l'on réfléchit maintenant qu'avec le courant électrique on a réveillé sur le cadavre les sécrétions organiques, — qu'Aldini a provoqué sur le corps d'animaux décapités la sécrétion salivaire en faisant agir l'électricité sur les glandes parotides[53], — que le docteur Wilson Philip a rétabli par le même moyen, sur des lapins vivants, les fonctions suspendues de la respiration et de la digestion[54] ; — si l'on se rappelle que des appareils spéciaux pour la production de l'électricité existent dans quelques animaux, entre autres chez le gymnote, la torpille, le silure et la raie ; — que les travaux des physiologistes de nos jours ont mis hors de doute l'existence d'un courant propre dans les muscles et les nerfs des animaux ; — que M. Du Bois Baymond, de Berlin, qui s'est tant occupé, à notre époque, de ce genre de phénomènes, montre très-facilement par l'expérience, à l'aide du galvanomètre, la production d'un courant électrique pendant la contraction des muscles, chez l'homme ; — on demeurera convaincu que cet ensemble de faits, qui se rattachent aux questions les plus élevées de la physiologie générale, mérite un examen très-approfondi. Nous ne voulons pas discuter ici la grande question de l'identité ou de l'analogie du fluide électrique avec l'influx nerveux qui anime le corps des animaux, et nous ne ferons à cet égard qu'une réflexion générale. L'étude de l'électricité animale, la doctrine de l'identité ou de l'analogie de l'électricité avec le fluide nerveux, a été, il y a cinquante ans, l'objet de l'enthousiasme presque unanime du monde savant. Ces idées sont tombées, de nos jours, dans un complet discrédit. Il appartient à notre époque, également exempte de l'entraînement de l'enthousiasme qui accueillit les premiers temps de cette découverte, et de tout dédain systématique pour une théorie quelconque, d'approfondir cette question. Aussi espérons-nous que la science, de nos jours, tentera de soumettre au contrôle attentif de l'expérience et de l'induction des phénomènes qui offrent un intérêt égal aux méditations de la philosophie, aux recherches expérimentales de la physique, et aux bienfaisantes applications de l'art de guérir.

CHAPITRE VI

APPLICATIONS CHIMIQUES DE LA PILE. — BERZELIUS ET HISSINGER. — RECHERCHES ET DÉCOUVERTES ÉLECTRO-CHIMIQUES DE DAVY, — ÉTUDE DES PHÉNOMÈNES QUI ACCOMPAGNENT LA DÉCOMPOSITION DE L'EAU PAR LA PILE. — NOUVELLE THÉORIE DES AFFINITÉS CHIMIQUES PAR DAVY, — DÉCOMPOSITION DES ALCALIS ET DES TERRES AU MOYEN DE LA PILE DE VOLTA, — LA GRANDE PILE VOLTAÏQUE DE L'INSTITUTION DE LONDRES. — DÉCOUVERTE DU POTASSIUM, DU SODIUM, DU BARYUM ET DU STRONTIUM. — L'INSTITUT DE FRANCE DÉCERNE À DAVY LE PRIX FONDÉ PAR LE PREMIER CONSUL. — RECHERCHES PHYSICO-CHIMIQUES DE GAY-LUSSAC ET THÉNARD, AVEC LA PILE DONNÉE PAR NAPOLÉON À L'ÉCOLE POLYTECHNIQUE. — DÉCOUVERTE DE NOUVEAUX EFFETS DE LA PILE. — LA GRANDE PILE DE WOLLASTON ET LA PETITE PILE DE CHILDREN. — LES PILES SÈCHES. — DERNIER PROGRÈS DE LA SCIENCE ÉLECTRIQUE JUSQU'À LA DÉCOUVERTE DE L'ÉLECTRO-MAGNETISME PAR ŒRSTED, EN 1820. — LA PILE THERMO-ÉLECTRIQUE DE POUILLET, DE NOBILI ET DE MARCUS.

Bien que résultant des travaux des physiciens, la pile voltaïque ne devait pas tarder à s'introduire dans la chimie, son domaine naturel. Elle était appelée à produire dans cette science, une véritable révolution, en l'enrichissant de faits inattendus, en perfectionnant ses méthodes d'expérience, et en lui fournissant une nouvelle théorie de l'affinité.

Les travaux de Nicholson et de Carlisle sur la décomposition de l'eau, et ceux de Cruikshank sur la décomposition des sels, avaient donné le signal de l'emploi de la pile comme moyen d'analyse chimique. Ces recherches furent continuées par Berzélius et Hissinger, qui, s'occupant particulièrement de la décomposition électro-chimique des sels, observèrent le grand fait du transport des éléments des corps composés à chacun des deux pôles de la pile, à travers le liquide soumis à l'action de l'électricité.

Berzélius débutait alors dans la carrière des sciences, et ce travail fut l'un des premiers qui révélèrent ce que la chimie devait recevoir de son génie patient et de son infatigable ardeur.

Fig. 340. — Berzélius.

À cette époque, tous les savants des divers pays marchaient du même pas dans cette nouvelle carrière ; de telle sorte que la même découverte était faite quelquefois simultanément par divers chimistes très-éloignés les uns des autres ; la même observation se faisait presque à pareille heure à Stockholm, à Copenhague, à Berlin, à Iéna, à Gênes, à Londres et à Paris

Cependant beaucoup de faits, restés indécis, avaient besoin d'être discutés sévèrement pour être réduits à leurs résultats certains. Les découvertes acquises à la science, par un si grand nombre d'observations éparses et multipliées, avaient besoin d'être rassemblées en un faisceau commun. Il fallait réunir les rayons divergents de ces lumières nouvelles pour les concentrer en un même point, et en composer un puissant flambeau propre à éclairer la route de l'avenir.

C'est à Humphry Davy qu'appartenait cette tâche magnifique. C'est ce savant illustre qui, embrassant dans leur ensemble toutes les découvertes faites jusqu'à cette époque concernant l'action chimique de la pile, sut les rattacher par un lien commun, les éclairer d'un jour nouveau, et, par leur application à la chimie, changer la face de cette science.

Le 29 décembre 1806 marque la date d'une grande époque dans

l'histoire de l'électricité. C'est ce jour-là, en effet, que Davy, dans la *Lecture Bakérienne*de cette année, donna communication au monde savant de son admirable mémoire sur le *mode d'action chimique de l'électricité*[55].

Voici les divisions principales du mémoire de Davy :

I. Sur les changements produits dans l'eau par l'électricité. — II. Sur l'action de l'électricité dans la décomposition de divers corps composés. — III. Sur le transport de certaines parties constituantes des corps, par l'action de l'électricité. — IV. Sur le passage des acides, des alcalis et autres substances à travers divers menstrues chimiques, au moyen de l'électricité. — V. Observations générales sur tous ces phénomènes et sur le mode de décomposition et de transport. — VI. Sur les principes généraux des changements chimiques produits par l'électricité. — VII. — Sur les relations qui existent entre les actions électriques des corps et leurs affinités chimiques. — VIII. — Sur le mode d'action de la pile de Volta, avec les éclaircissements que donne l'expérience. — IX. Généralisation et application des faits et des principes précédents[56].

Le mémoire de Davy débutait par l'étude de la décomposition électro-chimique de l'eau. Depuis plusieurs années, en effet, ce phénomène était devenu l'objet d'une foule d'observations contradictoires, qui avaient jeté une grande confusion sur ce sujet. Lavoisier avait établi, par ses expériences purement chimiques, la véritable composition de l'eau. Soumettant ce liquide à l'action d'un courant électrique, Nicholson et Carlisle avaient confirmé cette grande découverte de Lavoisier ; ils avaient vu l'hydrogène se rendre au pôle négatif et l'oxygène au pôle positif. Les mêmes expérimentateurs avaient constaté aussi les rapports simples qui existent entre les volumes des deux gaz obtenus. Mais les personnes qui voient aujourd'hui la décomposition de l'eau s'exécuter dans nos laboratoires, d'une manière si simple et si facile, auraient peut-être beaucoup de peine à comprendre les défiances, les oppositions de toutes sortes qui, à l'origine, accueillirent ce fait capital. Le phénomène était loin de se présenter alors avec la netteté que nous lui voyons maintenant. En même temps, en effet, que l'oxygène et l'hydrogène apparaissaient, on voyait se produire au pôle positif un acide, et une base au pôle négatif. La nature de cette base et de cet acide variaient d'ailleurs suivant l'espèce des vases employés. De là une confusion inexprimable. La composition de l'eau n'était pas encore universellement admise ; il restait quelques esprits aveugles qui s'obstinaient à nier la découverte de Lavoisier. Ces bases et ces acides, qui formaient l'escorte obligée des deux gaz, compliquaient encore cette première difficulté, et jetaient les esprits dans un trouble extraordinaire. On trouvait dans ce fait matière aux opinions les plus étranges, et à des hypothèses si bizarres que l'on a quelque peine à s'en rendre compte aujourd'hui. On confondit ces deux phénomènes, savoir : la formation de l'hydrogène et de l'oxygène, et la production d'un acide et d'un alcali. Cruikshank regardait l'acide formé pendant la décomposition électro-chimique de l'eau comme de l'acide azotique, et la base comme de l'ammoniaque. Désormes opinait pour l'acide chlorhydrique et l'ammoniaque. Mais, d'un autre côté, certains chimistes affirmaient que, sous l'influence de l'électricité, l'eau peut se convertir en une base et un acide ; d'autres regardaient l'oxygène et l'hydrogène comme de l'eau en combinaison avec l'électricité. Brugnatelli allait jusqu'à prétendre que le fluide électrique pouvait lui-même se changer en un corps matériel ; il admettait la formation d'un *acide électrique*. D'autres enfin, Monge, par exemple, pour expliquer l'apparition des deux gaz sur deux points du liquide éloignés l'un de l'autre, admettaient la formation d'une eau hydrogénée à un pôle, et d'une eau oxygénée à l'autre[57]. Et nous omettons encore bien des suppositions telles que leur sens précis ne saurait être clairement formulé.

C'est en cet état que Davy trouva la question ; elle était, comme on le voit, bien embrouillée et bien obscure. Cependant il n'hésita pas à aborder de front toutes ces difficultés.

Rien n'est plus intéressant que de suivre la série de tâtonnements successifs par lesquels Davy eut à passer dans l'exécution de son travail ; de montrer comment il réussit d'abord à dégager le grand fait de la décomposition de l'eau des phénomènes accessoires qui l'offusquaient ; comment il constata que les bases et les acides, dont l'apparition était constante, n'étaient pas, ainsi qu'on l'avait pensé, formés de toutes pièces durant l'opération, mais provenaient simplement de la décomposition de certains sels disséminés dans les vases dont on faisait usage ; comment il dut abandonner l'emploi des vases de verre pour ceux d'agate, puis ces derniers pour des vases d'or, qui ne pouvaient rien céder au courant voltaïque.

Une circonstance particulière s'était toujours présentée, comme nous venons de le dire, dans la décomposition de l'eau par la pile. On voyait constamment apparaître une base au pôle négatif, ce qui donnait lieu aux interprétations les plus diverses. Cette formation spontanée d'un acide et d'un alcali pendant la décomposition électro-chimique de l'eau fut le premier problème dont Davy se proposa la solution. Les piles dont il fit usage étaient composées, l'une de cent cinquante couples cuivre-zinc de 0^m, 12 de côté, l'autre de cent couples cuivre-zinc de 0^m, 16 de côté ; le liquide excitateur était une solution saturée de sulfate d'alumine. La disposition de l'expérience consistait à faire arriver le courant par un fil d'or ou de platine dans une capsule remplie d'eau distillée, et communiquant, au moyen d'une mèche d'amiante, avec une deuxième capsule également pleine d'eau, et dans laquelle plongeait le fil d'or ou de platine en contact avec le pôle négatif de l'*électro-moteur* (pile).

La solution que Davy donna du problème fut complète. Il démontra que l'eau distillée, qui était sensiblement pure pour les réactifs chimiques ordinaires, contenait pourtant des sels, et particulièrement de l'hydrochlorate de soude (sel marin), dont la base était transportée par le courant au pôle négatif, et l'acide au pôle positif de la pile. Il constata que la capsule, dans laquelle plongeait le fil positif, était elle-même rongée par l'action du courant, bien qu'elle fût composée des substances les moins solubles, c'est-à-dire de cristal, d'agate, de marbre, de sulfate de chaux, de sulfate de strontiane ou de baryte, etc. ; et que les sels contenus dans la substance de ces divers récipients étaient décomposés par lapile, et leurs éléments transportés à leurs pôles respectifs. Voici comment Davy parvint à se convaincre de la réalité de ce fait.

Dès ses premières expériences, il avait reconnu que l'acide qu'il obtenait constamment n'était autre chose que de l'acide chlorhydrique, et la base toujours de la soude. S'apercevant alors que le verre se trouvait légèrement corrodé au point de contact des fils conducteurs, il n'hésita pas à attribuer l'origine de l'acide chlorhydrique et celle de la soude à la présence d'une petite quantité de sel marin qui devait se trouver contenue dans le verre, et l'expérience directe vint bientôt justifier cette conjecture.

Davy employa alors pour récipients, des vases d'agate. Mais il obtint encore une petite quantité de soude et d'acide chlorhydrique. Toutefois, ces corps diminuaient à mesure que l'on faisait de nouvelles expériences dans les mêmes vases. Aux vases d'agate il substitua enfin de petites capsules d'or, qui ne pouvaient rien céder au courant voltaïque.

L'emploi de ces capsules d'or, réunies par des filaments d'amiante, ne donna pas tout de suite des résultats satisfaisants, car on obtenait encore de la soude et de l'acide azotique. Davy soupçonna dès lors la pureté de l'eau distillée elle-même. Ce soupçon était juste, car un litre de cette eau, évaporée à siccité, lui fournit une petite quantité d'azotate de soude.

Distillée de nouveau avec de grandes précautions, et placée dans les vases d'or, cette eau ne donna plus aucune trace d'alcali fixe.

Cependant le papier de tournesol rougi se trouvait encore légèrement influencé par la liqueur, qui, portée à l'ébullition, perdait ses propriétés alcalines. D'un autre côté, au pôle positif de la pile, on recueillait encore de l'acideazotique, et alors même que l'ammoniaque ne continuait pas à se produire, la quantité d'acide devenait à ce pôle de plus en plus considérable. Davy comprit dès lors que les éléments de l'eau et ceux de l'air atmosphérique prenaient à la fois part à la réaction, et il expliqua la formation continue d'acide azotique, même quand l'ammoniaque ne se montrait plus, au moyen de ce fait découvert par Priestley, que dans l'eau aérée, un courant de gaz hydrogène chasse l'azote de sa dissolution dans l'eau, en y laissant coexister l'oxygène.

Il ne restait donc plus qu'une expérience à faire pour démêler les phénomènes accidentels de la décomposition de l'eau : il fallait opérer à l'abri de l'air. Plongeant les fils d'or de sa pile dans de petites capsules d'or pur ; remplissant ces capsules d'eau, qu'il avait lui-même distillée dans des vases d'argent et purgée par l'ébullition, de toute trace d'air ; établissant la communication entre les deux capsules au moyen d'une mèche d'amiante ; plaçant enfin les capsules d'or sous le récipient de la machine pneumatique, pour opérer hors du contact de l'air, Davy reconnut qu'il ne se dégageait au pôle positif que de l'oxygène, au pôle négatif que de l'hydrogène, et qu'il n'y avait formation d'aucune trace de substance acide ou alcaline.

La conversion de l'eau, sous l'influence de la pile voltaïque, en oxygène et hydrogène, sans autre produit, se trouva ainsi définitivement démontrée.

Après cette admirable analyse du phénomène de la décomposition électro-chimique de l'eau, Davy abordait, dans son mémoire, l'action qu'exerce la pile sur les composés salins. Il avait soumis à ses expériences, d'une part, les sels solubles dans l'eau, d'autre part, les sels insolubles dans ce liquide. Parmi les sels solubles dans l'eau, les sulfates de potasse, de soude, d'ammoniaque, l'alun, l'azotate de baryte, le phosphate de soude, les succinate, oxalate et benzoate d'ammoniaque ; et parmi les sels insolubles, les sulfates de chaux, de baryte et de strontiane, le fluorure de calcium, l'azéolithe, la lépidolithe et le verre ordinaire, furent soumis par Davy à l'action décomposante de la pile, et tous se comportèrent dans cette circonstance de la même manière.

Après avoir isolé dans toute sa simplicité, le phénomène de la décomposition électro-chimique de l'eau, et dégagé ce fait essentiel des accidents qui l'avaient troublé dans les expériences de ses prédécesseurs ; après avoir rapporté les résultats de l'action du courant électrique sur un certain nombre de sels, le profond chimiste montrait, dans la sixième partie de son mémoire, que ce n'étaient là que des exemples particuliers d'une loi des plus générales. Il faisait voir que, sous l'influence de la pile, tous les autres composés peuvent, aussi bien que l'eau, se réduire en leurs éléments ; — que dans les décompositions de ce genre, le corps acide se porte constamment au pôle positif, et le corps basique au pôle négatif ; — enfin, que les corps simples affectent aussi des rapports d'élection galvanique invariables.

Mais en voyant tous les composés chimiques se défaire sous l'influence de l'électricité, Davy avait été conduit à admettre que la cause de la combinaison des corps réside aussi dans une véritable attraction électrique, et par une série d'inductions et d'expériences qu'il serait trop long de rapporter, il proclamait ce fait, que *l'affinité chimique n'est autre chose que l'électricité*, ou, en d'autres termes, que la force qui détermine l'union des corps et qui maintient les combinaisons une fois formées, est identique avec la force électrique.

Telle est l'origine de la théorie électro-chimique, si brillamment défendue par Berzélius, et qui a exercé sur l'esprit de la chimie une si profonde et si durable influence, que depuis trente années seulement on a commencé à en secouer l'autorité.

Nous renonçons avec peine à pousser plus loin l'analyse de cet admirable travail de Davy, à suivre l'auteur dans les considérations générales auxquelles il s'élève, lorsque, cherchant à apprécier le rôle que joue l'électricité dans l'ensemble des phénomènes chimiques qui se passent sur notre globe, il semble lire, d'un regard assuré, dans l'avenir de la science. Nous avons hâte d'arriver à la magnifique application qu'il fit lui-même de ses idées, en se servant de la pile voltaïque pour réduire en leurs éléments les alcalis et les terres.

C'est en 1807, c'est-à-dire un an après la lecture du grand mémoire dont nous venons d'exposer les résultats, que Davy fit connaître sa découverte de la décomposition électrochimique des alcalis et des terres.

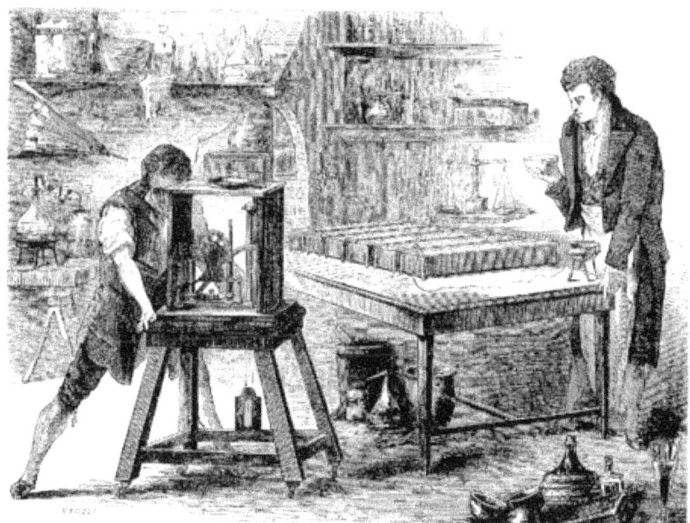

Fig. 341. — Davy décompose les alcalis par la pile voltaïque (1807).

Depuis longtemps on avait remarqué la ressemblance chimique des *terres*, c'est-à-dire de la chaux, de la baryte, de la magnésie, etc., avec les oxydes métalliques, et celle des oxydes métalliques avec les alcalis, c'est-à-dire la potasse, la soude et l'ammoniaque. Lavoisier, dès les premiers temps de la chimie, avait pressenti cette grande vérité[58]. Mais, depuis cette époque, Berthollet avait découvert la composition de l'ammoniaque, et prouvé que cet alcali est formé d'hydrogène et d'azote. Ce fait avait rompu la ligne entrevue des analogies. Si, d'un côté, on persistait à regarder, avec Lavoisier, les terres comme des oxydes métalliques, d'autre part, l'analogie des alcalis fixes avec l'ammoniaque, amenait à prêter à ceux-ci une constitution analogue à celle de l'ammoniaque. Davy, par exemple, s'imaginait, avant ses recherches, que les alcalis fixes étaient formés de phosphore et d'azote. Cependant, armé d'un agent de décomposition aussi puissant que la pile, il n'hésita pas à aborder ce grand problème d'analyse. Il essaya d'abord de soumettre à l'action de la pile une dissolution aqueuse de potasse. Mais l'eau se décomposait seule. Il plaça alors dans le cercle de la batterie voltaïque un morceau de potasse maintenue en fusion par la chaleur. Mais ce corps, privé d'eau, ne livrait point passage à l'électricité. Il essaya enfin d'abandonner l'alcali pendant quelques minutes à l'air, pour lui laisser attirer un peu d'humidité ; rendu ainsi suffisamment conducteur, il le plaça entre les pôles de la pile, et dès lors, l'expérience eut un plein succès. La potasse entra en fusion, par la chaleur de la décharge électrique, et bientôt on put observer au pôle positif, un bouillonnement gazeux produit par le dégagement de l'oxygène ; tandis qu'au pôle négatif apparaissaient de petits globules semblables au mercure par la couleur et par l'éclat, mais tellement combustibles et oxydables, que, dès leur formation, ils se recouvraient d'une croûte blanche en reproduisant de la potasse. Jetés sur l'eau, ces globules y brûlaient avec une flamme éclatante.

Davy venait de décomposer la potasse en oxygène et en un métal nouveau qui a reçu le nom de *potassium*.

Cette découverte, l'une des plus brillantes des temps modernes, honore particulièrement l'esprit et le labeur humains, en ce qu'elle est le fruit unique de l'induction expérimentale, en ce que ni le hasard ni les secours étrangers n'y prirent aucune part.

Ce qui faisait son extrême importance, c'est qu'elle donnait le signal d'une série d'autres découvertes semblables. En effet, la potasse une fois analysée, la composition de la soude et de toutes les bases terreuses était par cela même connue. Après avoir réduit la potasse, Davy, dès le lendemain, décomposa la soude. Il dut, toutefois, employer une pile plus puissante.

Disons, en passant, que les piles voltaïques, employées par Davy dans ces expériences mémorables, n'avaient rien de bien inusité pour l'énergie. Celle qui servit à décomposer la potasse était formée de 250 plaques de 6 et de 24 pouces. On réussit même avec 100 plaques seulement de 6 pouces. Les personnes qui ont attribué le succès des recherches du chimiste anglais à l'emploi de batteries énormes, étaient donc fort injustes envers lui.

Les travaux de Davy furent interrompus à cette époque par une grave maladie. Pendant sa convalescence, et grâce à une souscription de ses concitoyens, une pile de 600 couples de 4 pouces, fut construite et mise à sa disposition. Il dirigea cette artillerie contre les terres ; mais elles furent plus difficiles à réduire que la potasse et la soude. Il réussit pourtant à décomposer la baryte, la strontiane et la chaux, et put isoler les métaux contenus dans ces oxydes. En soumettant à l'action de la pile des fragments de strontiane et de baryte, il vit une flamme apparaître à la pointe du fil négatif. Comme le défaut de conductibilité électrique des terres était l'obstacle qui l'arrêtait, il augmenta cette conductibilité électrique en chauffant avec un peu d'acide borique les oxydes qu'il soumettait à l'action du courant. Grâce à cet artifice, la matière inflammable se montra plus facilement.

Mais Davy reconnut qu'il n'y avait qu'un moyen de recueillir le corps combustible dégagé : c'était de former un alliage de ce corps avec des métaux, et pour cela, de soumettre à l'action de la pile, les terres mélangées avec un oxyde de plomb, de mercure ou d'argent.

Voici donc le procédé dont le chimiste anglais fit usage pour obtenir quelques parcelles de métaux terreux. Il réduisait en poudre de la baryte, de la strontiane, de la magnésie ou de la chaux, ajoutait à ces terres un tiers de leur poids d'oxyde de mercure, et plaçait ce mélange dans une lame de platine façonnée en godet, dans lequel il introduisait un peu de mercure recouvert d'huile de naphte. Il se servit pour ces dernières expériences d'une pile de 500 paires. Il obtint ainsi des amalgames qui, distillés dans des tubes de verre pleins de vapeur de naphte, donnèrent pour résidus des corps blancs qui, à l'air, se transformaient en augmentant de poids, en baryte, strontiane, chaux et magnésie.

Davy en était là de ses recherches, lorsqu'il reçut de Berzélius une lettre contenant la description d'un très-ingénieux procédé qui avait permis à l'illustre chimiste de Stockholm, aidé du docteur Pontin, de décomposer la baryte et la chaux assez facilement et sans grand appareil.

Berzélius et Pontin avaient eu l'heureuse idée de placer, au pôle négatif de la pile, du mercure métallique contenu dans une petite cavité creusée sur un fragment de baryte ou de chaux. Le mercure facilitait la réduction de l'oxyde en s'amalgamant au fur et à mesure avec le métal rendu libre[59]. Davy essaya de soumettre à l'action de la pile, la silice, l'alumine et la glucine, selon le procédé imaginé par Berzélius et Pontin. Mais il échoua dans cette tentative d'analyse électrique, car ces oxydes ne donnèrent point d'amalgame avec le mercure. En traitant par le potassium la silice, la magnésie, l'yttria et la glucine, de manière à déplacer l'oxygène de ces bases, il reconnut bien que ces substances étaient des oxydes, mais il ne pût isoler assez bien leur radical pour s'assurer s'il était métallique. La solution de cette question était réservée à Berzélius et à MM. Woehler et Bussy.

Le magnifique ensemble de découvertes contenu dans la longue série des recherches de Davy, que nous venons d'exposer, remplissait glorieusement toutes les conditions du programme de prix publié en 1801 par l'Institut national de France. En 1808, la France honora dignement le génie du physicien anglais, en lui décernant le prix fondé par le premier Consul « pour ses découvertes annoncées dans les *Transactions philosophiques* de 1807. »

Faisons bien remarquer pourtant que ce ne fut pas, comme on l'a toujours dit jusqu'ici, le prix extraordinaire de 60 000 francs, mais seulement une somme de 3 000 francs qui fut accordée à Davy. La rémunération était faible sans doute, comparée à la grandeur, à l'importance des découvertes du savant anglais. Mais si l'on se rappelle la guerre acharnée qui divisait alors l'Angleterre et la France, on sentira toute la valeur de ces trois mille francs envoyés, à une pareille époque, de Paris à Londres, au nom de Napoléon.

En cela, la France obéissait à ces traditions généreuses qui lui font chercher, découvrir, proclamer le mérite étranger, et décerner la palme du génie scientifique, sans regarder au drapeau d'une nation ennemie[60].

Les travaux de Davy avaient excité chez les savants de tous les pays une émulation extraordinaire. C'est en France que se manifestèrent les plus importants résultats de cette noble rivalité. Dans l'ouvrage de Gay-Lussac et Thénard, *Recherches physico-chimiques*, qui fut publié en 1811, on trouve l'exposé d'un grand nombre d'observations remarquables sur les effets physiques et chimiques de la pile.

Ces recherches de Gay-Lussac et Thénard furent commencées à l'occasion de la grande pile que Napoléon avait donnée à l'École polytechnique. Comme Berthollet lui parlait un jour des grands travaux de Davy sur l'électricité, l'Empereur demanda, avec son impétuosité ordinaire, pourquoi ces découvertes n'avaient pas été faites en France.

— Sire, répondit Berthollet, c'est que jusqu'à ce jour nous n'avons pas possédé de pile voltaïque assez puissante.

— Eh bien ! qu'on en construise sur-le-champ une suffisante, et qu'on n'épargne ni soin ni dépense.

C'est ainsi que fut construite aux frais de l'État la magnifique pile voltaïque de l'École polytechnique.

Cette pile était composée de 600 couples de cuivre et de zinc de 9 décimètres carrés pour chaque plaque ; toute la batterie avait 54 mètres carrés de surface. Cet appareil n'existe plus ; mais il nous a été possible de le reconstituer au moyen des débris qui en sont conservés dans le cabinet de l'École polytechnique. On le voit représente figure 342.

Gay-Lussac et Thénard reconnurent et apprécièrent avec beaucoup d'exactitude l'influence du nombre des couples de la pile sur l'intensité de ses effets, et celle de l'acidité plus ou moins grande du liquide dont elle est chargée. Ils analysèrent aussi avec beaucoup de soin plusieurs autres circonstances physiques ou chimiques, qui influent sur la manifestation des phénomènes chimiques de la pile, et confirmèrent les résultats obtenus par Davy sur la décomposition des alcalis et des terres, en employant des procédés d'une nature différente.

Fig. 342. — La grande pile de l'École polytechnique construite en 1813, par l'ordre de Napoléon Ier.

Fig. 343. — Gay-Lussac.

Fig. 344. — Thénard.

C'est à Gay-Lussac et à Thénard que l'on doit la découverte du procédé de préparation du potassium et du sodium par l'action du charbon sur le carbonate de potasse ou de soude, méthode qui permit d'obtenir pour la première fois, en proportions notables, ces curieux métaux qu'on n'avait pu se procurer jusque-là qu'en très-petite quantité par l'action de la pile.

Pendant que l'on construisait à Paris, par l'ordre de Napoléon, la grande batterie de l'École polytechnique, les directeurs de l'*Institution royale de Londres*, dans un noble but de rivalité scientifique, profitèrent de cette circonstance pour stimuler le zèle de leurs concitoyens. La pile qui avait servi à Davy à exécuter ses nombreuses expériences s'était complètement usée entre ses mains par l'action prolongée des acides, et se trouvait hors de service. On ouvrit une souscription pour la remplacer : « Les recherches électro-chimiques, écrivaient les directeurs de l'Institution royale, ont pris naissance dans notre pays ; ce serait un déshonneur pour une nation si puissante et si riche que, faute d'assistance pécuniaire, elles allassent se compléter ailleurs. » La liste de souscription fut promptement remplie, et Davy se vit bientôt en possession de la plus belle batterie que l'on eût encore vue. C'était une pile de Wollaston.

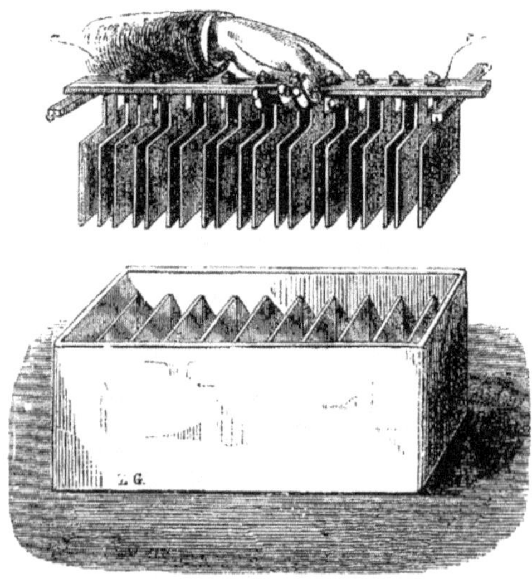

Fig. 345. — L'un des 500 groupes composant la pile Wollaston construite pour Davy, à l'*Institution royale de Londres.*

« La plus puissante combinaison qui existe, disait-il en 1812 dans ses *Éléments de philosophie chimique*, dans laquelle le nombre des couples est combiné avec l'étendue de surface, est celle qui fut donnée au laboratoire de l'*Institution royale* par un petit nombre de zélés patrons de la science. Elle se compose de deux cents groupes joints ensemble dans un ordre régulier, composés chacun de dix doubles plaques placées dans des auges de porcelaine, chaque plaque contenant trente-deux pouces carrés ; ainsi le nombre total des couples métalliques est de deux mille, et la totalité de la surface est de cent vingt-huit mille pouces carrés. »

Le liquide qui servait à mettre en action cette puissante pile de Wollaston, consistait, comme celui qui avait été employé précédemment dans la plupart des expériences de Davy, en une dissolution d'alun, aiguisée d'acide sulfurique. Le gaz hydrogène qui se dégageait, par suite de l'action de l'acide sulfurique sur le zinc était si considérable, quand les deux mille plaques étaient mises en action, que l'on n'aurait pu manier sans danger un tel instrument. Aussi l'appareil était-il établi dans une cave, d'où partaient des fils conducteurs, pour aboutir dans la salle supérieure où les expériences s'exécutaient ; La figure 346, représente cet appareil, véritablement historique.

C'est avec cette remarquable batterie, qui fut installée en 1813, dans le laboratoire de l'*Institution royale*, que Davy put étudier et développer dans toute leur beauté, les phénomènes physiques et chimiques de la pile, et produire la lumière et la chaleur les plus intenses que l'on eût développées jusque-là par des moyens artificiels. En se servant d'acide azotique étendu pour charger les deux mille couples, Davy découvrit l'arc lumineux de la pile, qui est comparable, par son intensité, à la lumière solaire, et dont l'emploi, rendu pratique de nos jours, a permis de créer l'éclairage électrique.

Davy observa que, lorsqu'on termine les deux fils conducteurs de la pile, par deux pointes de charbon, et que l'on approche ces deux charbons l'un de l'autre, à environ un trentième de pouce de distance, on vit jaillir aussitôt entre les deux conducteurs, une étincelle d'un éclat incomparable. En éloignant peu à peu les charbons l'un de l'autre, le jet de lumière s'étendait et formait, à travers l'air, une courbe étincelante, de trois à quatre pouces de longueur. Toute matière introduite dans ce foyer sans pareil, y disparaissait aussitôt, par fusion ou volatilisation. Le platine, le cristal de roche, le saphir, la magnésie, la chaux, et toutes les substances les plus réfractaires, y semblaient vaporisées. Ces divers phénomènes se reproduisaient dans le vide, ce qui montrait bien que cet effet n'était pas dû à l'oxygène atmosphérique, mais était bien le résultat propre du calorique développé par le courant. Il est inutile d'ajouter que toutes les décompositions chimiques observées jusque-là furent reproduites par cette nouvelle batterie avec une intensité prodigieuse.

Fig. 346. — La grande pile de Wollaston, construite pour Davy, en 1807, à l'Institution royale de Londres.

La grande batterie de Davy trouva pourtant sa rivale. À la même époque, un riche amateur de sciences, nommé Children, venait de faire construire une pile composée dans le système dit *couronne de tasses*, et modifiée par Wollaston. Sous le rapport de la dimension des plaques, c'est la plus grande pile qui ait jamais été construite. Chacun de ses éléments présentait une surface de trente-deux pieds carrés, et elle contenait vingt et un de ces éléments. Par le courant de cette pile, de gros fils de platine, dont quelques-uns avaient jusqu'à cinq pieds et demi de long et deux lignes de diamètre, étaient rougis, dans une portion plus ou moins grande de leur longueur, et même en partie fondus. Les oxydes, les métaux infusibles dans les foyers ordinaires, et en particulier l'iridium, furent mis en fusion de cette manière. On réussit à fondre complètement une tige carrée de platine, de deux lignes de diamètre sur deux pouces trois lignes de long. De la poussière de diamant étant placée dans une fente pratiquée à la scie, en travers d'un fil de fer, le diamant fut liquéfié et le fer qui le touchait se transforma en acier. C'est en 1813 et en 1815 que Children exécuta ces curieuses expériences.

Le génie particulier du physicien Wollaston le portait à produire de grands résultats avec de petits moyens. Dès qu'il eut connaissance des effets de la pile de Children, il voulut, pour ainsi dire, retourner l'expérience, et produire tous ces puissants phénomènes à l'aide de l'appareil voltaïque le plus petit que l'on eût employé jusque-là. On raconte que Wollaston ayant rencontré un soir, dans une rue de Londres, un de ses amis, tira de sa poche un dé à coudre, en cuivre, et s'en servit pour construire une pile microscopique reproduisant les effets de la gigantesque batterie de Children. Pour cela, il enleva le fond du dé, l'aplatit avec une pierre, de manière à rapprocher les deux surfaces internes à deux lignes environ l'une de l'autre, ensuite il plaça entre les deux surfaces de cuivre une petite lame de zinc qui n'était en contact ni avec l'une ni avec l'autre des parois de cuivre, grâce à l'interposition d'un peu de cire à cacheter. Il plaça ce petit couple ainsi préparé dans un godet de verre, préalablement rempli avec le contenu d'une petite fiole d'eau, acidulée avec de l'acide sulfurique. Réunissant extérieurement la lame de zinc et son enveloppe de cuivre au moyen d'un fil de platine, il fit rougir aussitôt ce fil par l'électricité développée dans cette petite pile. Les dimensions de ce fil de platine étaient excessivement petites ; il avait seulement un trente-millième de pouce de diamètre et un trentième de pouce de longueur[61].

En raison de ses dimensions exiguës, ce fil de platine pouvait être non-seulement rougi, mais fondu par cette petite batterie. Aussi l'ami de Wollaston, témoin de cette expérience, put-il allumer sur-le-champ de l'amadou à ce fil rougi.

Dans cette petite batterie de Wollaston, le cuivre enveloppait de toutes parts la lame de zinc, c'est-à-dire que l'élément négatif était bien supérieur en surface au métal positif. Cette expérience fit penser à Wollaston, que dans toutes les piles en général, il fallait, pour obtenir les plus grands effets calorifiques, donner le plus d'étendue possible à l'élément positif. C'est depuis cette époque, et d'après les indications de Wollaston, que l'on a construit presque toutes les piles, en entourant chaque plaque de zinc d'une enveloppe de cuivre mise en communication avec la plaque de zinc suivante. Cette modification a rendu ces appareils beaucoup plus puissants, principalement pour la production des phénomènes de chaleur et de lumière.

C'est en appliquant cette même idée que le physicien américain Robert Hare construisit bientôt après les *piles en hélice*, qui permettent de donner au couple métallique une surface énorme, dans le plus petit espace possible, et de diminuer ainsi la dépense du liquide acide, qui est très-grande dans les piles à auges.

Les piles en hélice, dont nous donnerons, dans le chapitre qui va suivre, une description plus complète, se composent essentiellement de longues bandes de zinc et de cuivre laminées, attachées chacune par un bout, et séparées de distance en distance par de petits morceaux de bois. On forme ainsi un couple dont les deux éléments, isolés l'un de l'autre, ont chacun cinquante ou soixante pieds de surface. Chaque élément plonge dans un seau de bois, contenant le liquide acide.

C'est aussi à la même époque qu'appartient la construction définitive des*piles sèches*, que Zamboni, professeur à Vérone, étudia avec soin, en 1810.

On nomme assez improprement *piles sèches* celles dans lesquelles le liquide acide est remplacé par un corps solide, légèrement humide. Cependant Zamboni n'est point, comme on l'a dit, le véritable inventeur des piles sèches ; c'est à un physicien de Genève, Deluc, qu'appartient cette découverte. En 1809, Deluc avait présenté à la *Société royale de Londres* une pile à colonne, composée de trois cents disques de zinc et de trois cents disques de papier doré d'un seul côté, entassés les uns au-dessus des autres dans un tube de verre. En 1812, Zamboni fit connaître la manière de construire les piles sèches, qui est généralement adoptée aujourd'hui, et qui consiste à entasser et à presser fortement l'un contre l'autre des milliers de disques de papier un peu fort, dont une surface est étamée et l'autre recouverte d'une couche très-mince d'oxyde de manganèse en poudre, mêlée avec de la farine et du lait[62]. Mais cette disposition de l'instrument n'était qu'une modification très-simple de la méthode de Deluc, qui doit être considéré comme le véritable inventeur des piles sèches[63].

On s'occupa beaucoup, à la suite des mémoires publiés sur ce sujet par Zamboni, des piles sèches et de leurs effets. Les piles sèches manifestent à leurs pôles, une tension assez grande ; mais elles ne produisent qu'un courant insignifiant. En les construisant avec de grandes feuilles de papier, Delezenne a pu, de nos jours, notablement augmenter leur intensité. Mais il a constaté, en même temps, que ces piles ne fonctionnent que lorsque le papier conserve un peu d'humidité empruntée à l'atmosphère, et qu'elles deviennent inactives au bout de quelques années, par suite de l'altération des surfaces des rondelles.

La force électro-motrice est développée dans ces piles, par l'action chimique entre l'étain qui s'oxyde, et le bioxyde de manganèse qui se réduit. Le papier joue le rôle d'un conducteur humide. On comprend que ces piles cessent de fonctionner quand l'étain est rouillé.

Dans les premiers temps, on s'imagina que les piles sèches réaliseraient le mouvement perpétuel.

Voici comment on construit une pile sèche. On dispose verticalement deux piles, formées de 1 500 à 2 000 couples chacune. On arme leurs extrémités de disques de cuivre, et on maintient les paquets comprimés, par des cordonnets de soie. Pour les préserver de l'action de l'air, on les enduit d'une couche de soufre ou de gomme laque fondus. Les deux piles étant réunies à leur base, présentent à leurs sommets, deux pôles de nom contraire, au-dessus desquels passent les extrémités d'une aiguille de gomme laque, terminée à chaque bout, par une lame de clinquant. L'aiguille tourne, et à chaque révolution, elle effleure deux fois les pôles ; ceux-ci l'attirent d'abord pour la repousser ensuite, ce qui produit un mouvement de rotation qui peut durer plusieurs années.

La figure 347 représente un joujou basé sur ce principe.

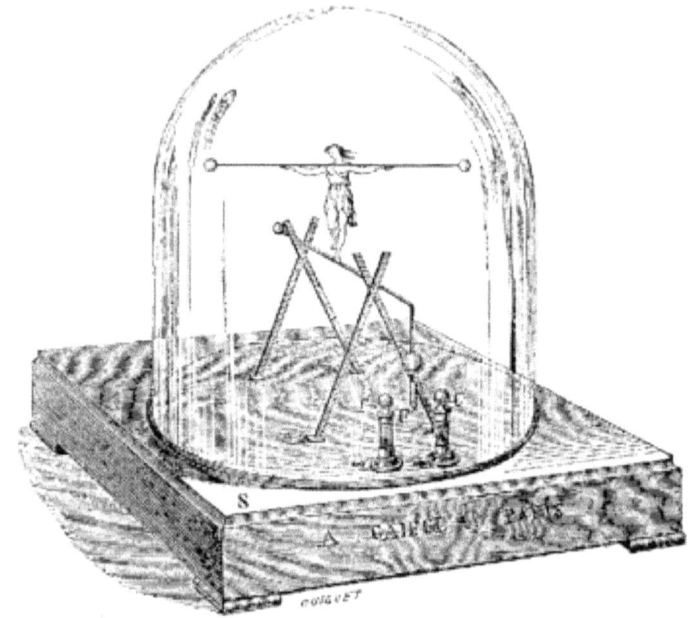

Fig. 347. — Pile sèche de Zamboni.

La pile sèche est contenue dans le socle S de l'appareil. Ses pôles sont terminés par les petites colonnes C, C′ ; elle est composée de 10 000 couples de zinc et de papier doré d'un seul côté. F, est une feuille d'or, qui est successivement attirée et repoussée par les pôles contraires C et C′ de la pile sèche. Le mouvement de rotation sur son axe que subit la corde tendue entre les deux petits poteaux donne à la figurine qui représente un danseur, un mouvement cadencé, qui n'est pas perpétuel, mais qui dure des années entières.

Au lieu d'une rotation, on peut aussi produire les oscillations d'un pendule, en disposant entre les deux boutons d'une pile double de ce genre, la balle isolée d'un petit pendule, que les deux pôles se renvoient alors par un mouvement de va-et-vient. On a fait à Munich et à Vérone de petites horloges dans lesquelles le mouvement du pendule ainsi provoqué, se transmettait à des rouages ; mais leur marche est toujours très-irrégulière, parce qu'elle dépend de l'humidité de l'air.

Les piles sèches ne sont donc d'aucune utilité sérieuse, au point de vue scientifique ; ce sont de simples objets de curiosité dans le cabinet de physique. Aussi les a-t-on abandonnées depuis longtemps.

Dans l'intervalle qui s'étend de 1815 à 1820, l'étude de la pile ne s'enrichit d'aucune découverte particulièrement digne d'être signalée. On continua de perfectionner l'appareil producteur de l'électricité dynamique, et de poursuivre l'observation de ses effets physiques et chimiques. Mais l'année 1820 vit s'accomplir la plus remarquable de toutes les découvertes faites au moyen de la pile, depuis les travaux de Volta et de Davy. C'est alors que le physicien Œrsted constata l'action qu'un courant électrique fermé exerce, à distance, sur l'aiguille aimantée.

Cette observation fondamentale eut pour résultat presque immédiat la création d'une nouvelle branche de l'étude de l'électricité, c'est-à-dire l'*électro-magnétisme* ; et les phénomènes électro-magnétiques trouvèrent bientôt une vaste série d'applications, parmi lesquelles figure au premier rang la télégraphie électrique.

C'est au mois d'août 1820 qu'Œrsted, professeur de physique à Copenhague, fit connaître le grand fait qui constitue son impérissable découverte. Bien des efforts avaient été tentés jusque-là pour saisir le rapport qui devait exister entre l'agent des phénomènes électriques et la cause inconnue de l'attraction et de la répulsion magnétiques, lorsque le physicien danois parvint à trouver la seule marche expérimentale propre à donner la clef de ce grand mystère de la nature.

Réunissant par un fil métallique, les deux pôles d'une pile en activité, Œrsted approcha ce fil conducteur d'une aiguille aimantée qui pouvait tourner sur son pivot. En disposant ce fil parallèlement à l'aiguille, soit au-dessus, soit au-dessous, il remarqua que cette aiguille était fortement déviée de sa direction vers le nord. L'aiguille magnétique était d'autant plus écartée de sa direction primitive qu'elle était plus rapprochée du fil conducteur de la pile ; l'angle de cette déviation était aussi d'autant plus grand que la pile dont on faisait usage présentait plus d'énergie. Le sens de cette déviation dépendait de deux circonstances : 1° de la direction suivant laquelle les fluides positif et négatif de la pile marchaient dans le fil conducteur par rapport aux deux pôles de l'aiguille aimantée ; 2° de la position du fil conducteur de la pile au-dessus ou au-dessous de l'aiguille aimantée.

Ainsi fut mis en évidence, pour la première fois, le grand fait de l'action exercée par l'électricité en mouvement sur les corps magnétiques, phénomène qui devait amener la science à des conséquences incalculables.

Enfin la découverte de l'électricité d'*induction* vint terminer cette belle série d'expériences.

Nous étudierons, dans la notice qui fait suite à celle-ci, l'*électro-magnétisme*, l'*électricité d'induction*, et les applications qui ont été faites dans notre siècle, de ces grandes découvertes.

Pour terminer l'esquisse que nous nous sommes proposé de tracer de l'histoire de la pile, il nous reste à parler de la découverte importante qui a été faite en 1821, par le physicien Seebeck, de Berlin, et qui adonné naissance aux piles *thermo-électriques.*

Seebeck avait composé un circuit fermé, avec un barreau de bismuth et une lame de cuivre, soudés bout à bout. Il fit chauffer l'une des deux soudures, et il constata aussitôt que le circuit était parcouru par un courant électrique, allant de la soudure chaude à la soudure froide.

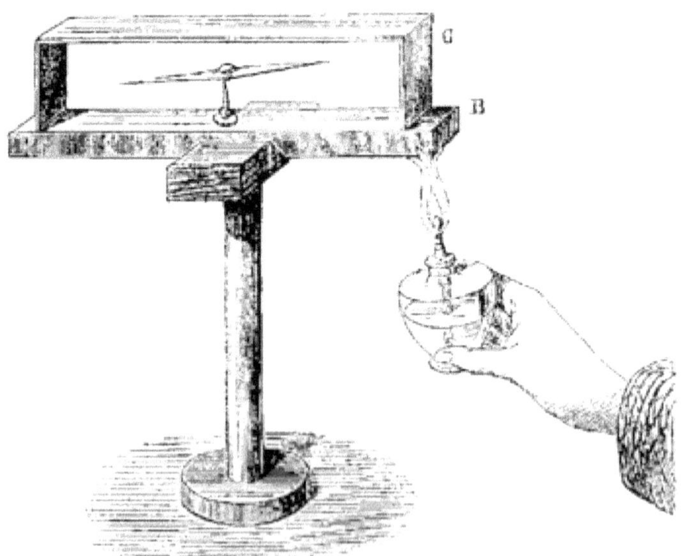

Fig. 348. — Expérience de Seebeck.

L'expérience se fait sans difficulté avec l'appareil représenté par la figure 348 et dont l'élément essentiel est une aiguille aimantée, mobile sur un pivot, placée entre une lame de cuivre, CC′, et une lame de bismuth, BB′, soudées par leurs extrémités. Lorsqu'on chauffe, par la flamme d'une lampe à alcool, l'une des deux soudures, l'aiguille est aussitôt déviée, ce qui indique la présence d'un courant dans le circuit métallique. Si l'on chauffe la soudure opposée, le courant change de direction et l'aiguille se dévie en sens contraire. Le même dérangement se produit si, au lieu de chauffer la première soudure, on la refroidit.

Œrsted a proposé de donner le nom de courants *thermo-électriques* à ces courants produits par la chaleur, et d'appeler courant *hydro-électrique*, celui de la pile ordinaire, à un ou plusieurs liquides. La première de ces dénominations a été adoptée.

On ne tarda pas à constater que tous les métaux, et même beaucoup d'autres corps, donnent naissance à des courants thermoélectriques plus ou moins intenses, lorsqu'on les réunit en circuits fermés que l'on chauffe en un point convenable. On obtient même des courants de cette espèce dans un circuit fermé avec une seule substance, lorsque celle-ci présente des défauts d'homogénéité qui modifient la propagation régulière de la chaleur. M. Becquerel, qui, un des premiers, a étudié et analysé les phénomènes thermoélectriques dans les circuits métalliques simples ou composés, a exécuté l'expérience suivante. On fait un nœud dans un fil de platine qui constitue un circuit fermé ; on chauffe à droite ou à gauche de ce nœud, et l'on voit se produire aussitôt un courant allant de la partie chaude à la partie froide. Les effets sont encore les mêmes en coupant le fil en deux, superposant les deux bouts l'un sur l'autre et chauffant d'un côté ou de l'autre.

De ces phénomènes M. Becquerel a conclu que, lorsque la chaleur se propage dans une barre de métal, il s'opère une suite de décompositions et de recompositions du fluide neutre, qui accompagnent la propagation de la chaleur ; celle-ci rencontre-t-elle un obstacle, il y a aussitôt séparation des deux électricités au point où cet obstacle existe.

La cause électro-motrice la plus efficace est une solution de continuité, telle, par exemple, qu'une soudure de deux métaux différents. Le sens du courant dépend des métaux employés. Ainsi, dans un circuit de bismuth et de cuivre, le courant marche en sens contraire de celui qu'on obtient dans un circuit d'antimoine et de cuivre. Dans la liste suivante, chaque métal reçoit près de la soudure chaude, le fluide positif avec ceux qui le suivent, et le fluide négatif avec ceux qui le précèdent : *Antimoine, Fer, Zinc, Argent, Or, Cuivre, Étain, Plomb, Platine, Bismuth*. L'antimoine et le bismuth occupent, comme on le voit, les deux extrémités de l'échelle ; leur association produit des courants relativement énergiques.

Les expériences de M. Becquerel ont montré, en outre, que l'intensité des courants thermo-électriques est proportionnelle à la température des soudures, jusqu'à 50 ou 100 degrés.

L'effet est d'ailleurs le même, que les métaux soient soudés bout à bout et en contact immédiat, ou bien séparés par un conducteur.

La connaissance de ces curieux effets a permis de construire des *piles thermo-électriques*, dont le pouvoir électro-moteur est dû uniquement à la chaleur. Fourier et Œrsted sont les premiers qui aient eu l'idée, en 1823, de composer des piles avec des barreaux de métaux différents. Ils formèrent d'abord un circuit polygonal, au moyen de trois barreaux de bismuth alternant avec trois barreaux d'antimoine, qu'ils disposèrent horizontalement. Ayant chauffé une ou plusieurs soudures, mais jamais deux soudures consécutives, ils reconnurent que le courant offrait une intensité d'autant plus grande qu'il y avait un plus grand nombre de soudures chauffées.

La figure 349 représente la disposition de la *pile thermo-électrique* imaginée par M. Pouillet. Chaque couple est formé d'une lame de cuivre C, et d'un barreau de bismuth B, en forme de fer à cheval. Les deux soudures plongent dans des vases V, qui sont remplis alternativement, l'un d'eau chaude et l'autre de glace pilée.

On forme encore des piles thermo-électriques avec des tiges de fer et de cuivre soudées bout à bout en forme de W, de manière que les soudures d'ordre pair soient d'un côté et les soudures d'ordre impair de l'autre côté. On courbe ce système de barres de façon que les deux séries de soudures puissent plonger, l'une dans une auge remplie d'eau chaude, l'autre dans une auge à glace.

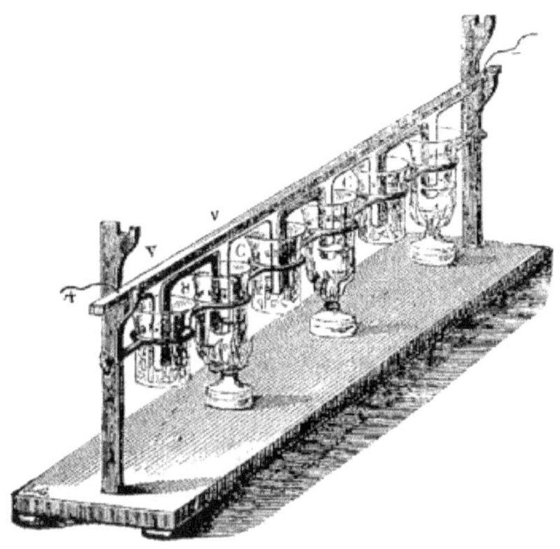

Fig. 349. — Pile thermo-électrique de M. Pouillet.

Jusque dans ces derniers temps, les effets des piles thermo-électriques étaient tellement inférieurs à ceux des piles hydro-électriques, qu'il était impossible de songer à en tirer parti comme source d'électricité. On ne s'en servait que pour constater des différences de température, à l'aide des courants que ces températures provoquent dans un circuit thermoélectrique.

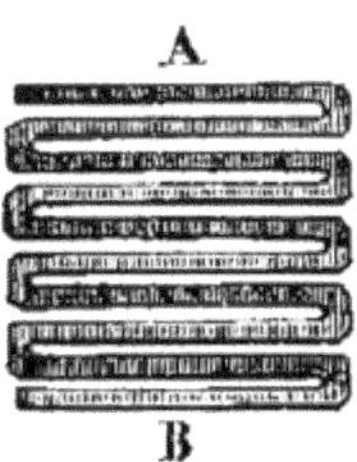

Fig.350.-Un élément de la pile thermo-électrique de Nobili.

C'est sur ce principe qu'est basée la *pile de Nobili*, que l'on met en activité en chauffant légèrement l'une de ses faces, contenant les soudures de plusieurs rangées parallèles de couples de même ordre. Cette pile accuse la moindre variation de température.

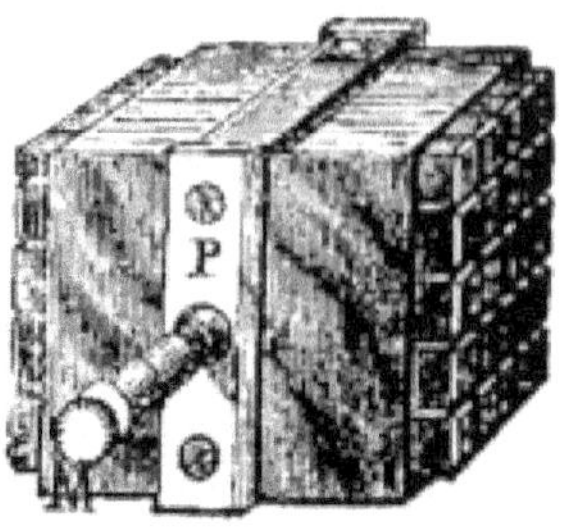

Fig. 351. — Pile thermo-électrique de Nobili.La pile de Nobili se compose de la réunion de plusieurs barres, composées de bismuth A et d'antimoine B. La figure 350 fait voir la forme et la disposition de l'une de ces barres qui engendrent le courant par l'inégal échauffement des deux métaux.

La figure 351 montre la pile résultant de l'assemblage de ces barres, montée et contenue dans une enveloppe métallique. P est une pièce d'ivoire, matière isolante, qui sépare la barre M de l'enveloppe métallique de la pile.

Fig. 352. — Pile thermo-électrique de Nobili, pourvue d'un réflecteur.

La figure 352 donne la vue générale de la pile *thermo-électrique de Nobili*. La pile est placée en A. Elle est portée sur un pied articulé, qui lui permet de prendre différentes positions. Un tuyau réflecteur de forme conique, B, est adapté à la pile. Ce réflecteur sert à concentrer les rayons calorifiques sur la surface de la pile.

Combinée avec Le galvanomètre, la pile de Nobili, sous le nom de *thermo-multiplicateur*, est devenue, entre les mains de Melloni, l'appareil thermométrique le plus sensible que l'on connaisse.

Nous disions plus haut que l'on n'avait pu jusqu'à ces derniers temps tirer parti des piles thermo-électriques, comme source d'électricité ; cependant, on est parvenu, en 1865, à ce point de vue à réhabiliter la pile thermoélectrique. M. Bunsen a découvert que la *pyrite de cuivre* se place, dans l'échelle des substances thermo-électriques, bien au-dessus du bismuth. Si donc on associe une lame de pyrite avec un alliage de deux parties d'antimoine et une partie d'étain, ou bien, avec du cuivre simplement, on obtient des courants électriques d'une intensité très-remarquable.

M. E. Becquerel a montré, de son côté, que le *sulfure de bismuth* est beaucoup plus fortement négatif que le bismuth lui-même, et que le *protosulfure de cuivre* est fortement positif.

D'après les indications de M. Becquerel, M. Ruhmkorff a construit une pile thermo-électrique de dix éléments, formés chacun, d'un cylindre de sulfure de cuivre fondu de 0^{m}, 10 de longueur sur 0^{m}, 01 d'épaisseur, portant un fil de cuivre rouge enroulé à chaque extrémité. Cette petite pile a donné, par une élévation de température de 300 à 400° une force électro-motrice égale à celle d'un couple de Daniell à sulfate de cuivre, tel qu'il va être décrit plus loin.

Enfin, M. Marcus, ingénieur à Vienne, a construit en 1865, des piles thermo-électriques très-puissantes, avec des barreaux de différents alliages dont le prix est peu élevé, tels que l'*argentan*, certains alliages de cuivre et de zinc, de zinc et d'antimoine, etc. On chauffe ces piles au moyen d'un petit fourneau. Vingt éléments représentent la puissance d'un élément de Daniell.

L'Académie des sciences de Vienne s'est empressée d'accorder à M. Marcus une somme de 2 500 florins (6 000 francs) pour l'engager à abandonner sa découverte au domaine public, et elle a publié dans ses *Comptes-rendus* la description détaillée de la nouvelle pile[64].

Si l'on arrive, en suivant cette voie, à des résultats plus favorables encore, les piles thermo-électriques remplaceront peut-être, dans quelques-unes de leurs applications, les piles ordinaires, sur lesquelles elles ont l'avantage d'une simplicité et d'une propreté qui ne laissent rien à désirer. La chaleur d'un fourneau deviendrait ainsi une source d'électricité, qui, à son tour, se transformerait en chaleur et en lumière.

La découverte de l'électro-magnétisme et celle de l'électricité d'induction ont ouvert à la science de l'électricité une période nouvelle, qui s'étend jusqu'à notre époque et se continuera après nous. Avant d'arriver à l'étude de ce dernier et grand sujet, il nous reste à donner la description des formes diverses que la pile voltaïque a reçues jusqu'à ce jour, et à traiter la question de la théorie de cet appareil.

CHAPITRE VII

FORMES DIVERSES DE LA PILE. — PILES À UN SEUL LIQUIDE : PILE À COLONNE, PILE À COURONNE DE TASSES, PILE À AUGES, PILE DE WOLLASTON ET PILE EN HÉLICE. — PILES À DEUX LIQUIDES : PILE DE DANIELL, PILE DE GROVE ET DE BUNSEN.

Nous ferons d'abord connaître les formes diverses qu'a reçues la pile voltaïque et celles qui sont actuellement en usage.

PILE À COLONNE. — Nous avons décrit, dans le chapitre précédent, la *pile à colonne*, première forme qu'ait reçue l'instrument électromoteur découvert par Volta.

La figure 353 représente cet appareil, tel qu'il a été employé après Volta, par les physiciens qui en ont étudié les effets, et tel qu'on le construit aujourd'hui.

Trois tiges verticales de verre sont portées sur un socle de bois verni, M. Entre ces trois tiges s'élève la colonne qui résulte de l'entassement, dans le même ordre, d'un certain nombre de couples, qui sont formés chacun : 1° d'une lame de zinc ; 2° d'une lame de cuivre ; 3° d'un disque de drap mouillé. Les couples sont placés de telle manière qu'ils se trouvent en contact par leurs métaux hétérogènes.

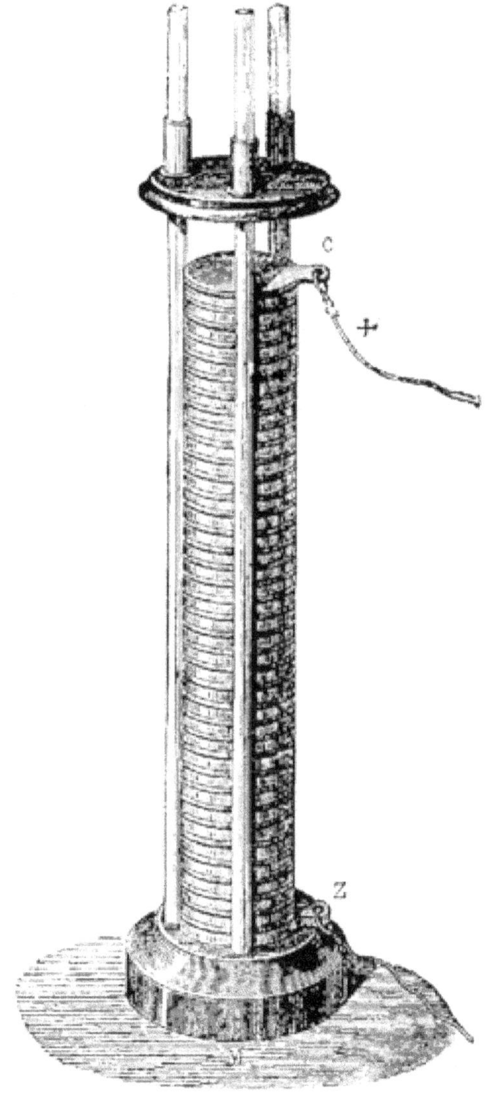

Fig. 353. — Pile à colonne.

L'appareil est terminé à la partie inférieure, par un disque de zinc, Z, qui représente le pôle négatif, et à la partie supérieure, par un disque de cuivre, C, qui représente le pôle positif[65].

Volta, avons-nous dit, avait aussi imaginé et fait adopter une autre forme de cet instrument qu'il désignait sous le nom de *pile à couronne de tasses*, et dont la figure 354 représente la disposition.

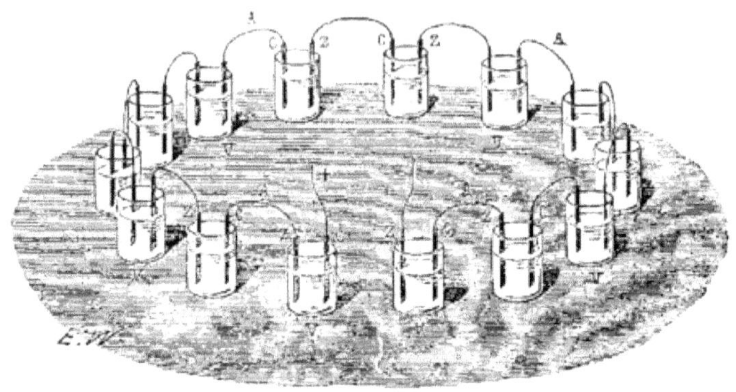

Fig. 354. — Pile à couronne.

Cet appareil consiste en une série de vases de verre, V, qui renferment de l'acide sulfurique étendu de trente fois son poids d'eau. On dispose en cercle ces tasses à demi pleines d'eau acidulée, en nombre égal à celui des couples métalliques, de telle sorte que la première tasse reçoive le zinc du premier couple, la seconde tasse le cuivre du second couple et le zinc du troisième, et ainsi de suite, la dernière tasse recevant le cuivre de l'avant-dernier couple et le zinc du dernier. L'extrémité cuivre représente le pôle positif, l'extrémité zinc le pôle négatif de cet appareil électromoteur. Chacun de ces vases de verre qui contient une lame de cuivre et une lame de zinc, non en contact, mais séparées, par le liquide acide où elles plongent, représente un couple complet ; les arcs métalliques A, A, A, sont de simples moyens de communication établis pour remplacer le contact de deux couples contigus dans la pile à colonne. Un fil métallique, fixé à chacune des plaques qui terminent l'appareil, sert à établir le courant voltaïque.

Pile à auges. — La pile à auges, qui fut imaginée par Cruikshank, en 1802, comme une très-utile modification de la pile à colonne, se compose d'une caisse rectangulaire de bois, enduite à l'intérieur d'un mastic résineux isolateur (fig. 353). Cette caisse est partagée intérieurement en petites cases, ou auges, par des cloisons verticales et parallèles, formées chacune de deux plaques métalliques de zinc et de cuivre soudées entre elles et placées uniformément dans le même ordre, de telle sorte que la paroi droite de l'une des auges soit formée par une lame de zinc, par exemple, et la paroi gauche par une lame de cuivre. Pour mettre en action cet instrument, on verse dans la caisse de l'eau acidulée par l'acide sulfurique, de manière à en remplir tous les compartiments, sans que toutefois le liquide déborde par-dessus les cloisons. La case extrême, qui a pour paroi métallique le dernier zinc, représente le pôle négatif ; l'autre case extrême, terminée par le dernier cuivre, est le pôle positif. Les deux pôles communiquent entre eux au moyen de fils métalliques fixés à deux plaques de cuivre E, E′, qui plongent dans les deux dernières cellules, et représentent les pôles de l'appareil.

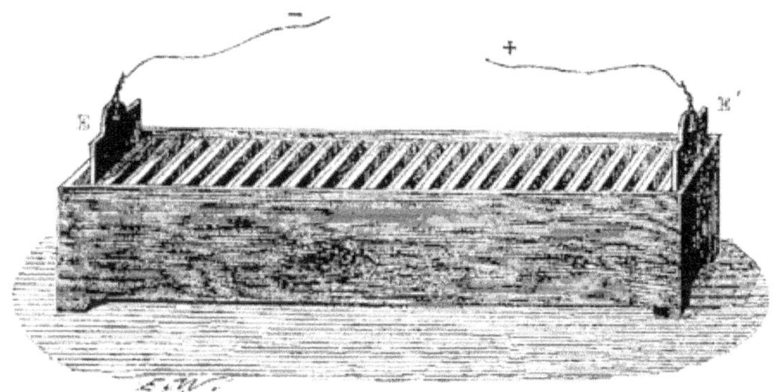

Fig. 355. — Pile à auges.

La pile à auges n'est autre chose, comme on le voit, que la pile à colonne couchée horizontalement, et dans laquelle le liquide acide remplace les rondelles de drap mouillé. Chaque cellule de la pile à auges constitue un couple métallique complet, puisque ses deux parois opposées sont formées par des lames métalliques hétérogènes séparées par un liquide acide.

Ce genre de pile est d'un usage très-commode dans la pratique, par la rapidité avec laquelle on la met en activité ; mais, comme la pile à colonne, elle présente cet inconvénient, que le contact du zinc avec l'acide sulfurique ne se fait que sur une des faces du zinc, ce qui diminue la quantité d'électricité que cet instrument pourrait fournir.

Pile de Wollaston. — C'est pour remédier à l'inconvénient qui vient d'être signalé, c'est-à-dire dans le but de faire agir le liquide acide sur les deux faces de l'élément zinc, que Wollaston donna à l'élément électro-moteur la disposition suivante. Il plia chacune des lames de cuivre de manière à lui faire envelopper, sans le toucher, le zinc de l'élément suivant. Pour établir la communication métallique, il rattacha le cuivre au zinc au moyen d'un arc métallique servant à réunir les deux plaques. Tout le système de ces couples est fixé, à sa partie supérieure, à une traverse de bois soutenue par deux montants verticaux, entre lesquels elle peut monter ou descendre. Quand on veut arrêter l'action de cet appareil et préserver, pendant cette interruption, les métaux de l'action corrosive des acides, on n'a qu'à relever la traverse et sortir ainsi les couples de leurs bocaux.

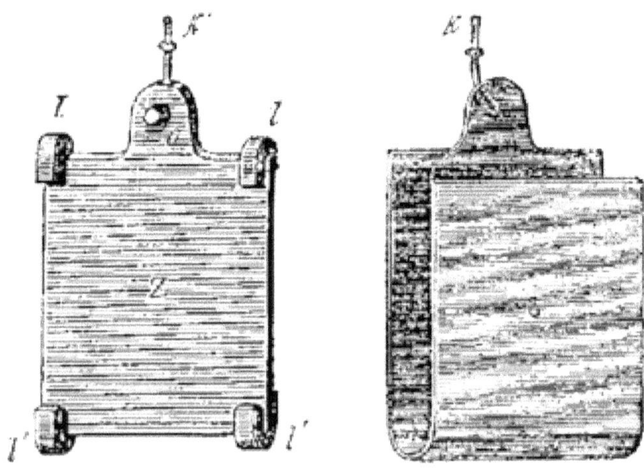

Fig. 356 — Un couple de la pile de Wollaston.

La figure 356 représente un couple, ou un élément, de la pile de Wollaston.

C, est la lame de cuivre pliée de manière à pouvoir envelopper, sans la toucher, la lame de zinc ; elle porte, à sa partie supérieure, une tige de cuivre *k*destinée à établir la communication avec le couple suivant. Z est surmontée d'une petite colonne de cuivre *k* et munie d'un manche isolant qui passe par l'ouverture *o*.

Pour former, avec deux lames de cuivre et de zinc ainsi préparées, un couple de la pile de Wollaston, on introduit la plaque de zinc entre les deux feuilles de la plaque de cuivre ; ces deux lames métalliques sont assujetties l'une à l'autre, et en même temps séparées entre elles au moyen de petits arcs de bois *l*, *l'*, qui s'opposent à leur contact direct. Au moyen du manche isolant M, on saisit le système de ces deux plaques, et on le plonge dans le vase de verre Y, rempli d'eau acidulée par l'acide sulfurique. Le couple est alors complet. Le pôle positif est représenté par la colonne K, soudée à la lame de cuivre, le pôle négatif par la colonne K' fixée sur la lame de zinc (fig. 357).

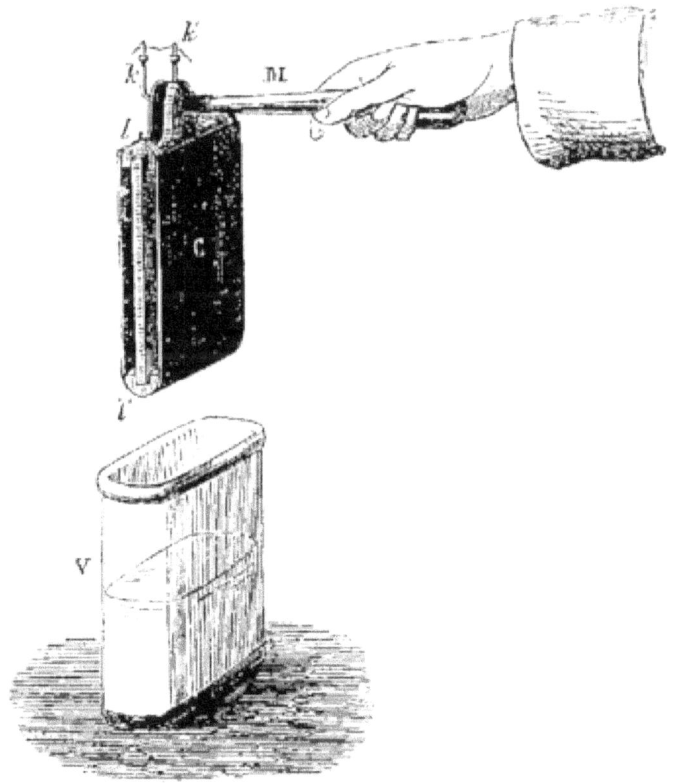

Fig. 357. — Mise en action d'un couple de la pile de Wollaston.

La réunion d'un certain nombre de ces couples constitue la pile de Wollaston, que l'on voit représentée dans la figure 358.

La traverse de bois T, soutenue par deux montants M, M', supporte un certain nombre de ces couples. À l'aide de la vis fixée à la traverse T, on peut élever ou abaisser à volonté les couples de manière à les faire descendre dans l'intérieur des bocaux, ou à les en retirer. Les lames métalliques sont disposées de telle façon que chaque couple intermédiaire communique, par son élément cuivre, avec le zinc du couple précédent, et par son élément zinc, avec le cuivre du couple suivant. Au-dessous de chaque groupe de lames métalliques, est placé un vase de verre rempli d'acide sulfurique étendu d'eau. Le dernier cuivre communique avec un petit godet métallique K, plein de mercure, pour mieux assurer la conductibilité et la continuité métallique. Ce godet représente le pôle positif. Le dernier zinc communique avec un godet pareil K′, qui représente le pôle négatif. Deux fils métalliques partant de ces godets servent à établir le circuit voltaïque. Lorsque, par le jeu de la traverse de bois T, on fait descendre les couples métalliques dans l'intérieur des vases de verre à demi pleins d'acide sulfurique, la pile entre aussitôt en activité ; on suspend son action en relevant les couples hors des vases de verre.

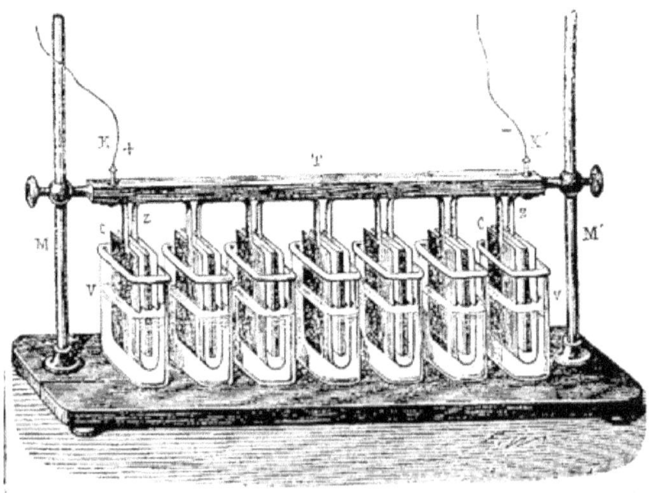

Fig. 358. — Pile de Wollaston en action.

M. Muncke, de Strasbourg, a donné à la pile de Wollaston une disposition plus simple, représentée par la figure 359. Au lieu d'isoler les couples dans des bocaux différents, il les plonge tous ensemble dans une auge remplie de liquide. Cela n'a aucun inconvénient lorsqu'il ne s'agit que de produire des courants électriques dans des courants métalliques, car les métaux sont incomparablement plus conducteurs que les liquides de la pile ;

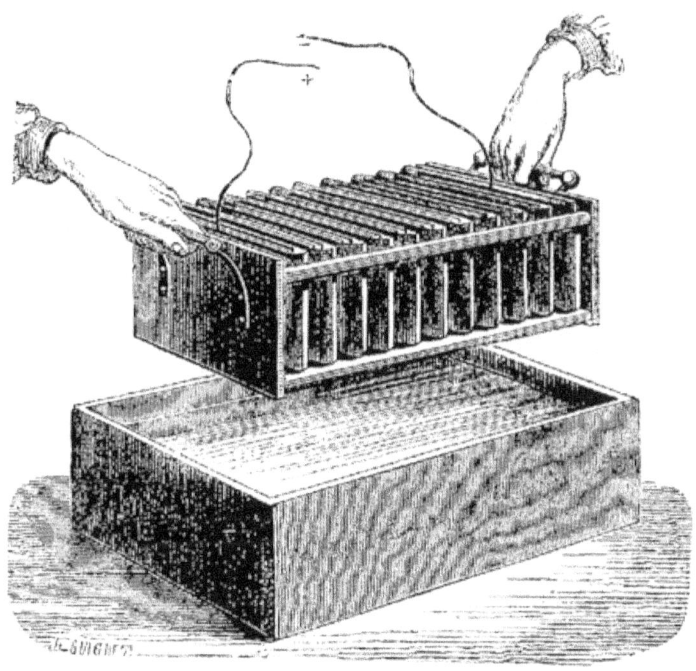

Fig. 359. — Pile de Muncke.

L'appareil de Muncke est composé d'une série de lames recourbées en U, et formées d'une feuille de zinc et d'une feuille de cuivre soudées ensemble par leurs extrémités. Ces lames sont enchevêtrées de façon à figurer une série d'U droits (U, U, U,), et une série d'U renversés (U U U), dont les branches s'insèrent deux à deux, dans les plis des lames de la première série, ce qui produit des alternatives régulières de zinc et de cuivre. On sépare les lames voisines par des cales de liège ; et on les fixe sur une planche, au moyen de règles en bois, sillonnées de traits de scie, dans lesquels s'engagent les couples. Cette planche est munie de deux poignées qui servent à la soulever.

La pile de Muncke donne des effets énergiques, mais qui sont peu constants.

Pile en hélice. — Comme nous l'avons déjà fait remarquer, la pile en hélice, qui fut construite pour la première fois par M. Hare, aux États-Unis, n'est qu'une disposition particulière du couple de Wollaston, qui permet de donner aux deux lames métalliques formant le couple une surface extrêmement étendue. Chaque couple de la pile en hélice se construit de la manière suivante : On prend un cylindre vertical de bois, B (fig. 360), autour duquel on enroule une large lame de zinc Z, et une large lame de cuivre C. Ces lames sont garnies de lisières de drap*l, l', l, l', l, l'*, réunies les unes aux autres par des ficelles, et destinées à s'opposer à tout contact direct de ces deux éléments métalliques. Dans chaque couple, le pôle positif est représenté par l'extrémité de la lame de cuivre, et le pôle négatif par la lame de zinc. L'acide sulfurique étendu d'eau, qui doit agir sur l'assemblage de ces deux métaux, est contenu dans un seau de bois V, enduit à l'intérieur d'un mastic isolant, comme le représente la figure 361. Pour faire plonger un de ces couples dans l'acide que renferme le seau de bois, il suffit de le détacher du montant à charnière qui lui sert de support.

Fig. 360. — Un couple de la pile en hélice.

La *pile en hélice* se compose donc d'une série de couples semblables au précédent ; on réunit ces couples en établissant une communication métallique entre les deux métaux hétérogènes. Cet appareil est remarquable par la puissance extraordinaire de ses effets. Si, par accident, une personne venait à établir la communication entre ses deux pôles, en touchant à la fois ses deux extrémités, elle serait infailliblement tuée comme par un coup de foudre. Des tiges de platine, longues de plus d'un mètre, et de 5 ou 6 millimètres de section, employées pour réunir les deux pôles de cette redoutable batterie, sont rougies et presque fondues ; les autres métaux subissent une fusion et une combustion plus ou moins rapide, selon leur fusibilité ou leur oxydabilité et leur pouvoir conducteur. Aucun composé chimique, conducteur de l'électricité, ne résiste à l'action décomposante de cette batterie.

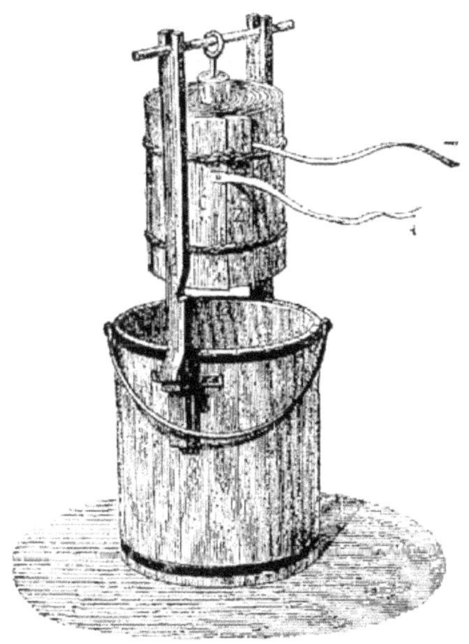

Fig. 361. — Pile en hélice.

Piles à deux liquides. — Les trois dispositions générales des appareils électro-moteurs que nous venons de décrire, c'est-à-dire la pile à colonne, la pile à auges et celle de Wollaston avec ses diverses modifications, sont les seules que l'on ait employées depuis Volta jusqu'à l'année 1836, tant pour les recherches des physiciens et des chimistes, que pour produire des effets physiques d'une grande puissance. Mais ces diverses piles, composées d'un seul liquide acide agissant sur deux métaux réunis, ont le grave inconvénient de ne donner qu'un courant électrique dont l'intensité décroît avec rapidité. Cet affaiblissement du courant tient à plusieurs causes. En premier lieu, les acides, à mesure qu'ils se combinent avec l'oxyde de zinc formé pendant la réaction, s'affaiblissent nécessairement par suite de leur neutralisation, ce qui amène une diminution graduelle dans l'intensité des effets électriques. Comme le sulfate de zinc est un corps qui conduit fort mal l'électricité comparativement à l'acide sulfurique, la diminution de conductibilité du liquide est une autre cause d'affaiblissement de l'intensité de l'appareil. En second lieu, il s'établit, dans les piles à un seul liquide, des *tensions électriques secondaires*, c'est-à-dire en sens contraire de celles qui engendrent le courant principal. Ces tensions secondaires proviennent surtout de la formation d'une couche d'hydrogène naissant à la surface du cuivre ou de l'élément négatif. Cette dernière circonstance est la cause principale du rapide affaiblissement qui se remarque dans les piles à un seul liquide. Pour rendre constante l'intensité du courant de la pile, il fallait donc empêcher qu'aucun dépôt de matière hétérogène ne vînt se former à la surface du métal négatif. C'est là le résultat important qui a été atteint par la découverte des *piles à deux liquides*. Il est important de faire connaître comment on est arrivé à la découverte de ce nouveau genre d'appareils électromoteurs, et quels sont les physiciens à qui la science doit cette importante acquisition.

En 1829, M. Becquerel avait construit des appareils électromoteurs d'une faible intensité, mais d'une action constante, en employant deux systèmes différents de *pile à deux liquides*, composés chacun de deux lames métalliques, plongeant dans une dissolution saline, séparées par un corps poreux[66]. Mais la très-faible intensité du courant ainsi obtenu, et les dispositions incommodes des appareils employés par M. Becquerel, les avaient empêchés de se répandre. C'est le chimiste anglais Daniell qui, en 1836, par une heureuse application des principes de l'électrochimie, parvint à doter la science de la première *pile à courant constant*, appareil qui avait l'avantage de réunir à cette continuité d'effets une puissance supérieure à celle des couples électromoteurs employés jusque-là[67]. La pile de Grove, venue plus tard, a fourni des effets plus intenses, mais moins constants, que ceux de la pile de Daniell.

Fig. 362. — A. C. Becquerel.

Pile de Daniell. — M. Daniell fut amené à créer la pile qui porte son nom, en cherchant à empêcher la précipitation du zinc révivifié sur l'élément négatif des piles voltaïques, ou du moins à remplacer cette précipitation nuisible par une précipitation utile, c'est-à-dire par la précipitation sur le cuivre d'un métal autre que le zinc, c'est-à-dire électro-positif. Après de nombreux essais, M. Daniell trouva que la dissolution de sulfate de cuivre pouvait réaliser l'effet voulu, mais que pour cela il fallait que cette dissolution fût séparée de l'eau acidulée dans laquelle plongeait le zinc. Il divisa donc la cuve dans laquelle le couple voltaïque était immergé, en deux compartiments, au moyen d'une cloison poreuse : il plaça dans l'un de ces compartiments le métal électronégatif et son liquide acidulé, et dans l'autre le métal électro-positif et la dissolution de sulfate de cuivre.

Voici comment s'expliquent les effets de la pile de Daniell, et d'une manière générale, comment, au moyen de deux liquides susceptibles de réagir chimiquement l'un sur l'autre, on a construit les nouveaux appareils producteurs d'électricité qui ont fait disparaître les inconvénients de la pile à un seul liquide.

Les deux liquides, susceptibles de réagir l'un sur l'autre en se décomposant mutuellement, sont séparés l'un de l'autre, par un diaphragme poreux, ou une cloison, qui laisse passer facilement le courant électrique à travers sa substance et empêche néanmoins les deux liquides de se mélanger, du moins avant un certain intervalle de temps. L'un des éléments du couple voltaïque plonge dans l'un de ces liquides ; le second élément plonge dans l'autre liquide.

Les deux conditions auxquelles doit satisfaire la construction d'une pile de ce genre sont : 1° Que l'un des éléments étant seul actif, c'est-à-dire attaquable par le liquide, l'autre élément n'éprouve aucune action chimique de la part du liquide dans lequel il est immergé, et joue simplement le rôle de conducteur (le platine et le charbon, longtemps calcinés, plongés dans les acides, le cuivre métallique placé dans une dissolution de sulfate de cuivre, peuvent remplir ce dernier rôle de simples conducteurs inattaquables par le liquide de la pile) ; 2° que les deux liquides soient choisis de manière que le courant qui résulte de leur action mutuelle à travers le diaphragme soit de même sens que celui auquel donne naissance l'action de l'acide sur le métal attaqué.

Ces conditions générales sont remplies, comme on va le voir, dans le couple de Daniell, dont nous allons donner la description.

Un cylindre D (fig. 363), formé d'une terre poreuse et perméable aux gaz, parce qu'elle n'a été cuite qu'en partie, est placé dans un vase de verre V ; ce cylindre est fermé à sa partie inférieure de manière à pouvoir contenir un liquide. L'assemblage de ces deux vases D et V est partagé de cette manière en deux capacités qui ne peuvent communiquer entre elles qu'à travers les parois poreuses et perméables du cylindre D, Dans ce vase intérieur D, on place *une dissolution saturée de sulfate de cuivre*, et l'on y introduit une lame de cuivre C, enroulée cylindriquement. Dans le vase extérieur V, on verse de l'acide sulfurique étendu d'eau, et l'on plonge dans ce liquide un cylindre creux de zinc Z, préalablement amalgamé[68].

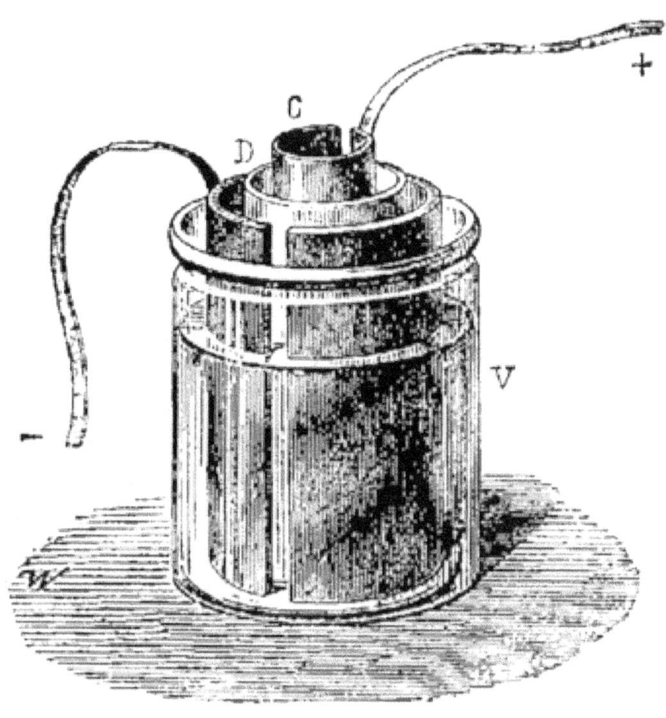

Fig. 363. — Un couple de la pile de Daniell.

Dans la pile ainsi disposée, aucun dégagement d'électricité ne se manifeste, en raison de l'amalgamation du zinc ; mais dès que la communication est établie entre les deux conducteurs, l'action chimique commence ; l'eau est décomposée, son oxygène se porte sur le zinc, et son hydrogène, réagissant sur la dissolution du sulfate de cuivre, se combine avec l'oxygène du cuivre pour former de l'eau, tandis que le cuivre réduit vient former sur les parois du cylindre de cuivre C un dépôt métallique pulvérulent et sans adhérence. Le cylindre de zinc Z est le pôle négatif, et le cylindre de cuivre C le pôle positif.

Pour que le courant électrique de la pile de Daniell demeure constant, il faut que les éléments qui réagissent chimiquement les uns sur les autres restent au même état de saturation. C'est ce qui n'arriverait pas avec l'appareil disposé comme nous venons de l'indiquer, si l'on n'avait recours à certaines précautions. En effet, la dissolution de sulfate de cuivre placée dans l'intérieur du vase D s'appauvrit graduellement par la réduction d'une partie de l'oxyde du sulfate de cuivre qu'il renferme à l'état de dissolution aqueuse. D'autre part, l'acide sulfurique étendu, contenu dans l'intérieur du vase V, perd progressivement de son acidité, par suite de la formation du sulfate de zinc aux dépens de la lame de zinc immergée dans cet acide. Lorsque le couple de Daniell doit rester longtemps en action, il faut donc s'arranger pour conserver aux liquides leur composition normale. Pour cela, on place des cristaux de sulfate de cuivre contenus dans un petit sac perméable, à la partie supérieure du vase D, en le faisant plonger dans la dissolution de sulfate de cuivre qui le remplit ; la dissolution de sulfate de cuivre demeure ainsi au même état de saturation, c'est-à-dire saturée à froid pendant toute la durée de l'opération. Pour se débarrasser du sulfate de zinc contenu dans le vase extérieur V, voici le moyen que l'on peut employer. Comme la dissolution de sulfate de zinc, en raison de son poids spécifique, se précipite au fond du vase à mesure qu'elle se forme, on introduit dans ce vase un siphon, dont la plus courte branche est placée à une petite distance du fond de ce vase, de manière à faire écouler au dehors la dissolution de sulfate de zinc qui vient s'accumuler en cet endroit. On remplace le liquide soutiré de cette manière par de l'eau acidulée, que l'on fait tomber goutte à goutte dans ce vase, au moyen d'un flacon muni d'un tube effilé disposé par-dessous. Par l'effet de ces dispositions, les liquides réagissants sont maintenus au même degré de concentration ou d'activité chimique, et le courant peut demeurer constant pendant plusieurs jours.

La réunion d'un certain nombre de couples semblables à celui qui vient d'être décrit, compose la *pile de Daniell.*

Les deux couples communiquent entre eux par leurs métaux hétérogènes. Une lame de cuivre C, qui termine l'appareil d'un côté, constitue le pôle positif ; la lame de zinc qui le termine à l'autre extrémité est le pôle négatif.

M. Vérité, de Beauvais, a réussi à éviter plusieurs des inconvénients de la pile de Daniell, par une modification heureuse, qui consiste à placer le zinc et l'eau acidulée à l'extérieur du vase poreux, et à mettre dans l'intérieur de ce vase, le cuivre et la dissolution de sulfate de cuivre. Les cristaux de sulfate de cuivre sont contenus dans un ballon, dont le goulot plonge dans la dissolution, comme le montre la figure 364. Le goulot est fermé en partie, par un bouchon, dans lequel on a pratiqué une entaille. Quand le niveau de la dissolution baisse jusqu'au-dessous du goulot, une bulle d'air entre dans le ballon ; une certaine quantité de liquide saturé s'en écoule et reproduit le niveau primitif.

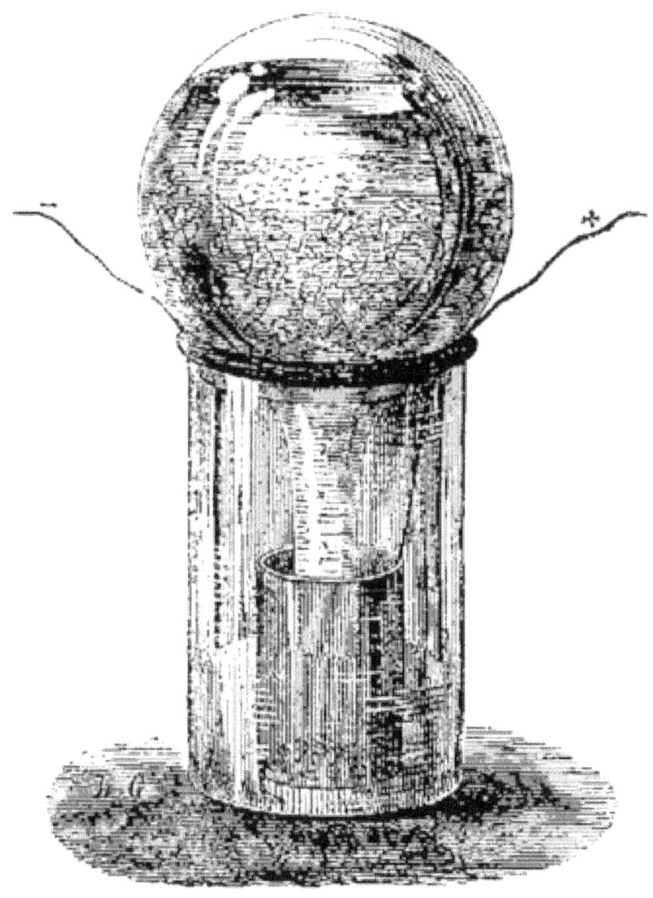

Fig. 364. — Pile de M. Vérité, de Beauvais.

Cette pile marche avec une grande régularité, sans exiger une surveillance constante.

La *pile de M. Gallaud*, de Nantes, est une pile de Daniell, sans diaphragme poreux. Les vases poreux ont l'inconvénient de s'incruster de particules de cuivre, qui obstruent leurs pores, et finissent, au bout d'un certain temps, par les fendre et les mettre hors de service. De plus, l'évaporation s'opérant facilement, le sulfate de zinc se cristallise, en grimpant sur le vase poreux ; ce qui établit une conductibilité par-dessus la cloison qui sépare les liquides. M. Callaud a donc songé à supprimer les diaphragmes en mettant à contribution la différence de densité des deux liquides de la pile de Daniell, différence qui leur permet de se superposer sans mélange. La dissolution de sulfate de cuivre occupe le fond du vase et l'eau surnage. On suspend par trois crochets sur le bord du vase le cylindre de zinc, qui plonge dans l'eau acidulée, et l'on fait pénétrer au fond, dans la dissolution de sulfate de cuivre, une tige, formée d'un gros fil de cuivre recouvert de gutta-percha et terminée par une lame de cuivre enroulée en spirale sur elle-même.

Telle est la pile de M. Callaud, qui est employée aujourd'hui avec succès dans plusieurs services télégraphiques, parmi lesquels nous citerons celui du chemin de fer d'Orléans.

Dans la pile de M. Minotto, de Turin, les diaphragmes sont également supprimés. Cette pile se compose d'un cylindre de cuivre, rempli de sulfate en poudre, et d'un manchon cylindrique de zinc. Le fond du bocal et les interstices entre le zinc et le cuivre d'une part, et la paroi du bocal et le zinc de l'autre, sont occupés par du sable. On amorce la pile en versant de l'eau sur le sable et sur le sulfate.

Pile de Grove. — La pile de Grove est celle où l'on fait usage de deux liquides acides. La dissolution de sulfate de cuivre que renferme la cellule intérieure, dans la pile de Daniell, est remplacée ici par de l'acide azotique. C'est cet appareil qui, avec une modification sans importance, est aujourd'hui universellement employé dans les laboratoires et dans l'industrie sous le nom de*pile de Bunsen*, Voici comment l'inventeur fut amené à construire ce puissant et commode appareil électro-moteur.

En 1839, M. Grove, chimiste anglais alors à ses débuts dans la science, cherchait à perfectionner la pile de Wollaston, en utilisant, au profit du dégagement électrique, toute la puissance d'oxydation dont le zinc était susceptible, tout en empêchant la précipitation du cuivre sur l'élément positif, c'est-à-dire sur le zinc, ce qui détermine, comme nous l'avons dit plus haut, ce *courant secondaire*, cause principale de l'affaiblissement rapide des piles à un seul liquide. Une expérience des plus curieuses, et que nous allons rapporter, mit bientôt M. Grove à même de réaliser ses espérances.

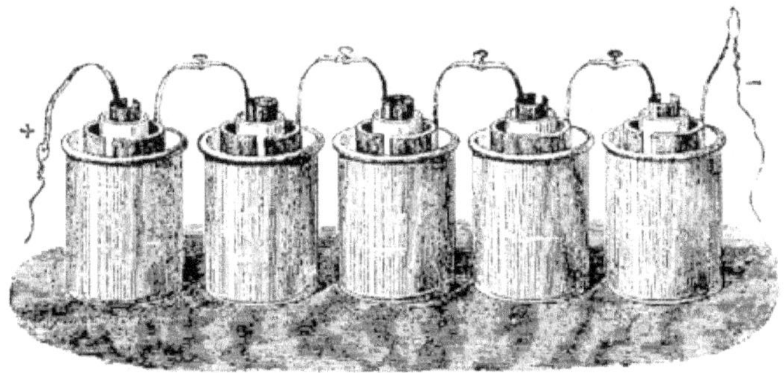

Fig. 365. — Pile de Grove.

Au moyen d'un peu de cire à cacheter, M. Grove mastiqua, au fond d'un petit vase de terre, la tête d'une pipe à fumer. Il versa dans l'intérieur de cette tête de pipe un peu d'acide azotique, et il introduisit de l'acide chlorhydrique dans le vase de verre extérieur. Deux feuilles d'or furent alors plongées dans l'acide chlorhydrique : elles y demeurèrent sans la moindre altération, et conservaient, au bout d'une heure, tout leur brillant métallique. Alors un fil d'or fut placé de manière qu'il touchât en même temps l'acide azotique et l'extrémité d'une des feuilles d'or. La feuille touchée fut immédiatement dissoute, tandis que l'autre ne fut pas attaquée, et le fil lui-même, qui était plongé dans l'acide azotique, n'avait subi aucune altération ; enfin, un galvanomètre, interposé entre deux lames plongeant dans les deux acides, dénota immédiatement la présence d'un courant excessivement énergique, dans lequel la lame dissoute représentait l'élément négatif, et la lame inattaquée l'élément positif.

Les conclusions que M. Grove déduisit de cette expérience furent :

1° Que de la réaction des deux acides l'un sur l'autre naissait un courant électrique qui, étant convenablement établi, pouvait opérer la décomposition chimique de cet acide ;

2° Que de cette décomposition résultait une combinaison d'hydrogène et d'oxygène ayant pour résultat de désoxyder l'acide nitrique, et de laisser libre le chlore de l'acide chlorhydrique, lequel chlore, en se portant sur la lame négative, en opérait la dissolution ;

3° Que l'eau acidulée avec de l'acide sulfurique, pouvant abandonner son hydrogène aussi facilement que l'acide chlorhydrique, pouvait être substituée à ce dernier acide dans l'expérience précédente, à la condition que la lame d'or négative fût remplacée par un métal facilement oxydable ;

4° Que le zinc étant le métal le plus électro-négatif qu'il y eût, son emploi comme élément négatif avec l'eau acidulée devait provoquer une réaction électrique beaucoup plus énergique ;

5° Que la lame d'or, plongée dans l'acide azotique, ne devant pas être attaquée et prenant la polarité de cet acide, pouvait être remplacée avec avantage par un corps conducteur inattaquable aux acides, tel que le platine et le charbon.

Ces conclusions furent le point de départ de la pile à deux acides, que M. Grove ne tarda pas à perfectionner, en y introduisant les vases poreux de terre demi-cuite, qu'il substitua, avec infiniment d'avantages, aux diaphragmes d'argile ou aux membranes de baudruche que l'on avait employés jusqu'à cette époque dans les piles à deux liquides.

M. Grove chercha ensuite à combiner de diverses manières les éléments de sa pile. Il avait, dans l'origine, placé les zincs dans le vase poreux, et le platine roulé en cylindre dans le vase extérieur où se trouvait l'acide nitrique ; mais il ne tarda pas à se convaincre que l'oxydation serait plus grande, et par conséquent, la quantité d'électricité dégagée plus considérable, en renversant cette disposition, et il plaça, depuis lors, les zincs en dehors des vases poreux et les lames de platine en dedans, en changeant bien entendu, de place les acides.

Voici maintenant la description de la pile de Grove. Ses dispositions, comme on va le voir, sont à peu près les mêmes que celles de la pile de Daniell.

Un couple de Grove se compose d'un vase extérieur V de verre ou de faïence, rempli aux trois quarts d'eau acidulée par de l'acide sulfurique, dans lequel plonge un cylindre de zinc Z, ouvert à ses deux bouts et fendu dans toute sa longueur, et d'un vase poreux D de terre perméable, qui contient de l'acide azotique ordinaire et dans lequel plonge une lame de platine P. Une tige métallique, fixée sur la lame de platine, porte un fil de cuivre qui représente le conducteur ou le pôle positif ; un autre fil métallique, fixé au zinc, représente le pôle négatif. Dans le couple de Grove, l'électricité marche du zinc au platine à travers les liquides et la cloison poreuse.

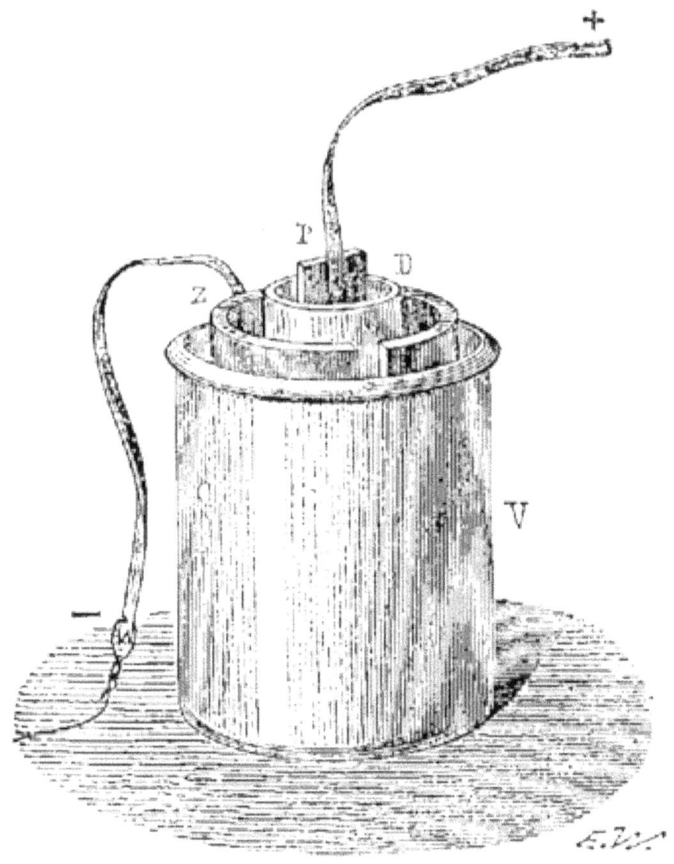

Fig. 366. — Couple de la pile de Grove.

Voici les réactions chimiques qui sont la cause productrice de l'électricité. Dès que les fils conducteurs représentant les pôles d'un couple de ce genre, sont mis en communication, l'eau se décompose dans le vase extérieur V (fig. 366). L'oxygène provenant de cette décomposition attaque le zinc et forme, grâce à l'acide sulfurique qui remplit ce vase, du sulfate de zinc. L'hydrogène, traversant la cloison poreuse D, vient réagir sur l'acide azotique dans ce vase D, et formant de l'eau avec une partie de l'oxygène de cet acide, il le ramène à l'état d'acide hypoazotique ou de bi-oxyde d'azote. Les deux courants électriques qui proviennent de cette double action chimique, et qui résultent, l'un de la décomposition de l'eau, l'autre de la décomposition de l'acide azotique, marchent dans le même sens, et par conséquent, loin de s'annuler réciproquement, ajoutent à leurs effets. Considérés dans le fil conducteur qui sert à réunir les deux pôles, ces deux courants marchent du charbon au zinc, c'est-à-dire que le pôle positif correspond au charbon et le pôle négatif au zinc. Comme, dans ces diverses réactions, il ne se forme aucun dépôt capable d'altérer les surfaces métalliques ou de produire un courant secondaire opposé, le courant électrique conserve une intensité constante.

Le prix élevé du platine employé pour former le conducteur positif, est la seule cause qui ait empêché la pile de Grove de devenir d'un emploi très-général. Mais dès le jour où l'on eut l'idée de remplacer ce conducteur de platine par un petit bloc, convenablement taillé, de charbon provenant des cornues où se fait la distillation de la houille, pour la préparation du gaz, charbon qui constitue un conducteur excellent et très-économique, cet appareil est devenu d'un usage universel. Il a reçu dès lors le nom de *pile de Bunsen*, d'après l'opinion qui en a fait attribuer la découverte à M. Bunsen.

Pile de Bunsen. — Selon M. Du Moncel, qui s'est occupé d'éclaircir ce point intéressant de l'histoire des piles à deux acides, M. Grove avait songé, pendant les nombreux essais qu'il fit pour la construction de sa pile, à employer, au lieu du platine, le charbon de bois calciné et même le charbon des cornues de gaz, comme conducteur négatif de sa pile.

« Mais, dit M. Du Moncel, M. Grove, pensant que dans le monde scientifique on n'apprécierait, comme étant véritablement en harmonie avec la science, que les électrodes de platine, ne parla jamais dans, ses mémoires des électrodes de charbon. Quoi qu'il en soit, six mois après la découverte de M. Grove, c'est-à-dire vers la fin de 1839, on vendait, chez un opticien de Charing-

Cross, à Londres, des piles à acides avec du charbon de cornue en guise d'électrode de platine, et ces piles n'étaient en aucun point différentes de ce qu'elles sont aujourd'hui. M. Cooper, en Angleterre, publia même en ce temps-là un long mémoire (qui est transcrit dans les *Transactions philosophiques* de la *Société royale de Londres*) pour démontrer l'importance des *piles à charbon*.

« Ce n'est qu'en 1843 que M. Bunsen, chimiste à Heidelberg, ignorant sans doute les travaux de MM. Grove et Cooper, proposa, comme amélioration économique des piles à acides, le charbon en guise d'électrode positive ; et comme il en était resté à la première disposition des piles de M. Grove, il s'efforça de composer un charbon susceptible d'être moulé en cylindre. C'est ainsi qu'ont été construites jusqu'en 1849 toutes les piles à acides employées en France et en Allemagne. À cette époque, M. Archereau, habile expérimentateur, en changea la disposition, et sans s'en douter, mit en vogue les piles de Grove, telles qu'elles avaient été combinées dix ans auparavant à Londres[69]. »

Ce point historique étant vidé, donnons la description du couple de Bunsen.

Le *couple de Bunsen*, ou *couple à charbon*, n'est autre chose que celui de Grove, dans lequel on a remplacé le conducteur de platine par un cylindre plein, taillé dans une masse de charbon de cornue de gaz, ou préparé directement en soumettant à la calcination, dans un moule de tôle, un mélange intime de coke ou de houille grasse, bien pulvérisé et fortement tassé.

Chaque couple de la pile de Bunsen (fig. 367) se compose de quatre pièces rentrant les unes dans les autres : 1° un vase de faïence V contenant de l'eau étendue de dix fois son poids d'acide sulfurique du commerce ; 2° une lame de zinc Z, enroulée cylindriquement et terminée par une tige de cuivre aplati, destinée à servir de conducteur négatif ; 3° un vase D de terre dégourdie, perméable aux gaz, et contenant de l'acide azotique ordinaire du commerce ; 4° un cylindre C formé de charbon calciné. Ce cylindre de charbon est enveloppé, à sa partie supérieure, d'un anneau de cuivre sur lequel est soudée une tige aplatie, du même métal, destinée à servir de conducteur positif, ainsi que le montre la fig. 367.

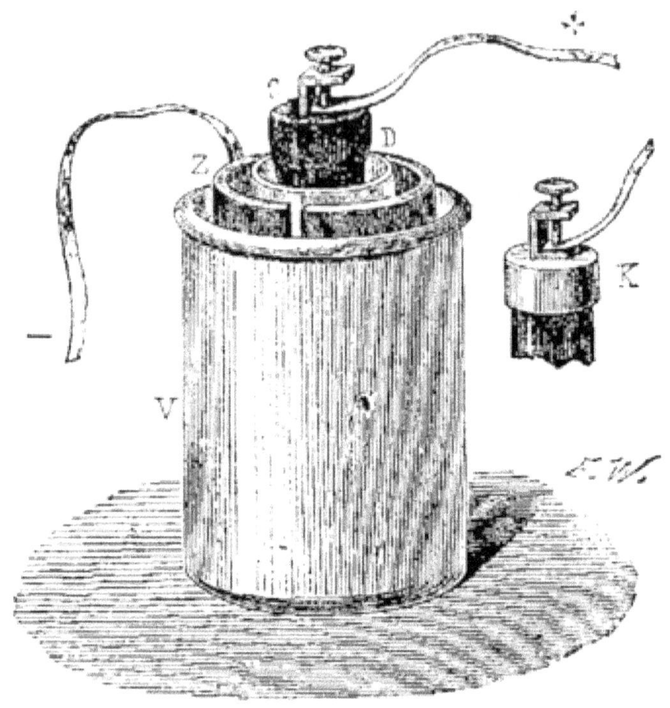

Fig. 367. — Couple de la pile de Bunsen.

Tous les agents chimiques employés dans la pile de Bunsen, n'étant autre chose que ceux qui servent dans la pile de Grove, l'explication chimique de ses effets est nécessairement la même.

Le couple est inactif quand la communication n'est pas établie entre les deux conducteurs ; mais, dès que le zinc et le charbon communiquent par un conducteur interpolaire, l'action chimique s'établit. L'eau, dans laquelle la lame de zinc est immergée, est décomposée par ce métal ; il y a formation de sulfate de zinc et dégagement d'hydrogène. Ce gaz, traversant le vase poreux, vient réagir sur l'acide azotique contenu dans ce vase, et le décompose en produisant de l'acide hypo-azotique ou du bi-oxyde d'azote, lequel se transforme au contact de l'air en acide hypo-azotique. Les deux courants électriques provenant de ces deux réactions vont dans le même sens, c'est-à-dire marchent du charbon au zinc à travers les liquides et la cloison poreuse. Le charbon C représente le pôle positif, et le zinc Z le pôle négatif de ce couple.

La *pile de Bunsen* se compose de la réunion d'un certain nombre de couples semblables au précédent. On établit la communication entre deux couples contigus, en faisant communiquer, au moyen de la petite vis de pression que porte le charbon, la lame métallique fixée au cylindre de zinc avec celle du cylindre de charbon, comme le représente la figure 368.

Fig. 368. — Pile de Bunsen.

Le pôle positif de cet appareil se trouve au dernier cylindre de charbon C, et le pôle négatif au dernier cylindre de zinc Z.

La pile de Bunsen donne un courant d'une grande intensité ; sa puissance est supérieure à celle de la pile de Daniell. C'est ce qui la fait employer de préférence quand on veut obtenir des effets électriques d'une grande énergie. Mais comme il est impossible de maintenir les liquides à une composition normale, surtout dans la cellule intérieure qui contient l'acide azotique, le courant ne présente pas une intensité constante. Quand la pile commence à être en activité, le courant prend une marche ascensionnelle ; ensuite il s'affaiblit graduellement. Cette pile, comme celle de Grove, a en outre l'inconvénient de répandre dans l'air des vapeurs d'acide hypo-azotique qui sont désagréables ou dangereuses pour l'opérateur, quand elle est composée d'un assez grand nombre de couples. La pile de Daniell doit donc être préférée à celle de Bunsen, pour les expériences de physique où l'on a besoin d'un courant électrique d'une intensité uniforme.

Nous dirons pourtant que la pile de Bunsen est aujourd'hui employée presque exclusivement dans les ateliers industriels pour la dorure, l'argenture ou le cuivrage des métaux, parce que l'on tient plus, dans ces opérations manufacturières, à l'énergie du courant voltaïque qu'à sa parfaite régularité.

Fig. 309. — C. J. de Bunsen.

La pile de Bunsen a été modifiée de différentes manières, en vue d'obtenir un appareil d'un emploi commode et d'un fonctionnement régulier. M. Archereau met le zinc en dehors et le charbon en dedans ; il emploie des poussières de charbon de cornue. Ces couples à charbon intérieur, sont plus puissants que les couples à charbon extérieur.

M. Marié-Davy a remplacé l'eau acidulée par de l'eau pure, et l'acide azotique par une pâte de sulfate de mercure, qui absorbe l'hydrogène, en mettant le mercure en liberté.

La *pile au sulfate de mercure* est très-commode, parce qu'il n'y a qu'à remplacer l'eau qui s'évapore. Des expériences qui ont été faites sur plusieurs lignes télégraphiques, ont prouvé que 38 couples de la pile Marié-Davy remplaçaient avantageusement 60 couples de la pile Daniell. Aussi cette pile est-elle très-fréquemment employée aujourd'hui. On en fait usage particulièrement pour les *sonnettes électriques* des appartements.

M. Duchemin remplace l'acide azotique par une solution aqueuse de perchlorure de fer, et l'acide sulfurique par le chlorure de sodium (sel marin) ou par le sulfate de fer, à l'état de dissolution dans l'eau.

La figure 370 représente la pile à *sel marin* de M. Duchemin.

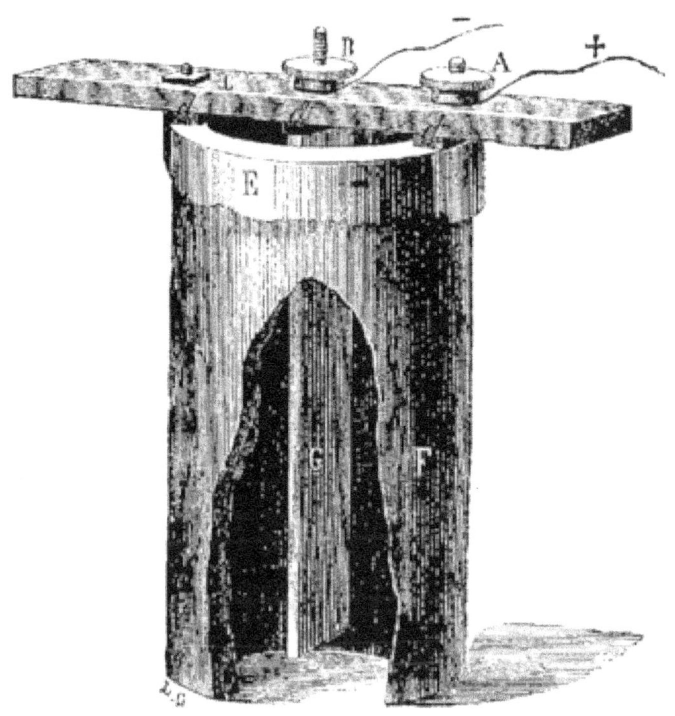

Fig. 370. — Pile à eau salée de M. Duchemin.

A, est une vis en plomb fixée au charbon F, et qui par conséquent, représente le pôle positif ; B, une autre vis en plomb, fixée au zinc G et qui termine le pôle négatif, *d, d* est un support en gutta-percha. E, est une virole de plomb, qui sert à fixer le charbon sur le support. F, est le cylindre de charbon contenant le tout.

Cette *pile à eau salée* a une grande constance, ce qui la rend très-propre au service des lignes télégraphiques. Elle offre, de plus, l'avantage d'être exempte d'odeur. Les lignes télégraphiques de la Suisse ont adopté cette nouvelle pile.

M. Duchemin a fait de sa découverte une application fort

intéressante. Il a montré qu'on peut prendre pour liquide de la pile, la mer. Il suffit de jeter à la mer de petites piles, formées d'un cylindre de charbon et d'une plaque de zinc fixés sur un flotteur de liège, et qui dès lors forment de véritables *bouées*, pour obtenir un courant très-sensible. Si l'on réunit la bouée, par deux fils métalliques, à un carillon placé sur le rivage, le carillon commence immédiatement à tinter.

M. Duchemin fit cette expérience à Fécamp, au grand ébahissement des baigneurs.

Avec un petit nombre de ces éléments jetés à la mer, on pourrait donc envoyer des télégrammes le long des côtes.

Au mois d'août 1866, des expériences ont été faites à Cherbourg, par ordre du ministre de la marine, avec la bouée électrique de M. Duchemin. Il s'agissait de faire servir le courant de la pile au nettoiement, ou à la préservation des coques de navires en fer et des blindages des frégates cuirassées. Ces expériences ont prouvé que l'on pouvait très-efficacement et très-économiquement appliquer la bouée électrique à cet emploi particulier.

Ce n'est là, d'ailleurs, qu'une première application, qui en présage beaucoup d'autres, de la belle idée qu'a eue M. Duchemin, de prendre un liquide aussi chimiquement actif que l'eau de la mer, pour l'agent excitateur de la pile. Il est évident que cet appareil, petit de forme, est gros d'avenir.

CHAPITRE VIII

THÉORIE DE LA PILE. — THÉORIE DE VOLTA SUR LE DÉVELOPPEMENT DE L'ÉLECTRICITÉ PAR LE CONTACT ET LA FORCE ÉLECTROMOTRICE. — OBJECTIONS À CETTE THÉORIE. — RÉFLEXIONS CRITIQUES DE GAUTHEROT. — WOLLASTON, RITTER, ETC. — THÉORIE CHIMIQUE DE LA PILE, POSÉE ET DÉVELOPPÉE PAR PARROT. — DÉFENSEURS DE LA THÉORIE DU CONTACT : PFAFF, MARIANINI, OHM, FECHNER, ETC. — EXPÉRIENCES DE M. DE LA RIVE EN FAVEUR DE LA THÉORIE ÉLECTRO-CHIMIQUE. — TRAVAUX DE FARADAY ET CONSTITUTION DÉFINITIVE DE LA THÉORIE CHIMIQUE DE LA PILE.

Quand on considère le nombre et l'immense variété de faits qui sont aujourd'hui acquis à la physique, touchant la pile de Volta, on s'étonne de l'impuissance dans laquelle on est si longtemps resté pour expliquer les effets de cet appareil. La pile voltaïque est connue et maniée depuis plus de soixante ans, et c'est depuis vingt ans à peine que l'on a pu en donner une théorie rigoureuse. Encore faut-il se hâter de dire que l'explication aujourd'hui généralement adoptée, donne prise à plusieurs objections de détail, néglige certains faits ; de telle sorte qu'il est peu probable qu'elle se maintienne intégralement dans l'avenir telle qu'on la formule aujourd'hui. C'est le tableau des opinions diverses qui ont été successivement émises, depuis Volta jusqu'à nos jours, pour expliquer théoriquement les effets de l'appareil électromoteur, qu'il nous reste à tracer pour terminer cette Notice.

Nous commencerons par exposer la théorie de Volta, telle qu'elle a été conçue par son auteur, et surtout par les divers physiciens qui l'ont adoptée et défendue après lui.

Le développement d'électricité qui s'observe dans un assemblage de corps conducteurs métalliques mis en présence d'un conducteur liquide, a pour cause unique, selon Volta, le *contact des substances hétérogènes*. Toutes les fois que deux substances de nature différente sont mises en contact, il se développe une force particulière à laquelle le créateur de la pile donna le nom de *force électromotrice*. Sous l'influence de cette force, l'un de ces corps se charge d'électricité positive, l'autre d'électricité négative.

La force électromotrice qui a provoqué la formation des deux électricités sur le couple métallique a encore la propriété d'empêcher les deux électricités rendues libres de se recombiner à la surface des métaux en contact, pour constituer le fluide naturel.

L'action de cette force s'exerce d'une manière instantanée, mais son intensité et le sens dans lequel elle agit dépendent de la nature des corps mis en présence. La quantité d'électricité produite par la force électromotrice sur un métal donné peut donc varier selon la nature du métal qu'on lui associe.

Selon Volta, les métaux ne sont pas les seuls corps qui puissent devenir le siège d'une force électromotrice. Tous les corps conducteurs de l'électricité sont dans le même cas ; il suffit de mettre en contact deux substances de nature hétérogène pour que la force électromotrice se développe à leur surface de séparation, et qu'elles se chargent chacune d'une électricité opposée[70].

D'après cela, si l'on prend une lame métallique formée d'un morceau de zinc et d'un morceau de cuivre soudés, qu'on la courbe sous forme d'arc, et que l'on plonge ses deux extrémités dans de l'eau acidulée par de l'acide sulfurique, voici ce qui doit se passer selon les principes de Volta.

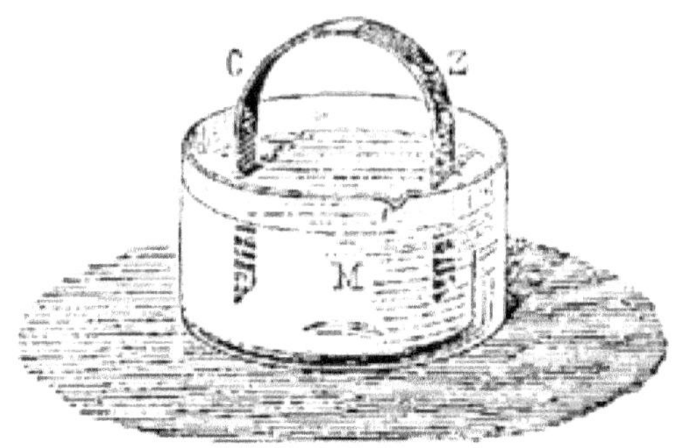

Fig. 371. — Arc métallique de Volta (cuivre et zinc).

L'arc métallique plongé dans le liquide acide étant formé de deux métaux réunis, la force électromotrice prend naissance à leur surface de séparation. La lame de zinc reçoit l'électricité positive, la lame de cuivre l'électricité négative. Mais les extrémités de la lame métallique hétérogène plongent dans un liquide*conducteur et imparfait électromoteur.* En raison de sa conductibilité, ce liquide établit une communication entre les deux extrémités de l'arc métallique ; par conséquent, l'électricité positive du zinc et l'électricité négative du cuivre se recombinent à travers le liquide et forment du fluide naturel. À mesure que les deux électricités opposées se combinent au sein du liquide, la force électromotrice, continuant de s'exercer au contact des métaux, en reproduit sans cesse de nouvelles quantités, de telle sorte qu'il existe dans ce couple métallique un courant continuel d'électricité, dirigé du cuivre au zinc dans la lame métallique, et du zinc au cuivre à travers le liquide.

Ainsi, dans la théorie de Volta, le couple électrique se réduisait à l'assemblage de deux métaux mis en contact. Le liquide dans lequel l'arc métallique était plongé ne remplissait d'autre office que celui de conducteur ; c'était seulement un moyen d'établir la communication entre les deux éléments du couple métallique, et de permettre la circulation, sous forme de courant, de l'électricité engendrée par la force électromotrice. Mais le courant d'électricité émané d'un couple métallique avait nécessairement peu d'intensité. En réunissant une série de couples semblables séparés par un conducteur humide, c'est-à-dire en composant l'assemblage de couples métalliques et de corps conducteurs qui composent la pile à colonne, Volta augmentait l'intensité électrique proportionnellement au nombre des couples employés.

Pour démontrer le fait du développement de l'électricité par le simple contact de deux corps, Volta faisait cette expérience fondamentale, dont nous avons déjà parlé bien des fois et qu'il importe de décrire ici avec plus de détail.

Il prenait une tige métallique CZ, composée de deux morceaux de cuivre et de zinc, soudés, et la tenant entre les doigts par l'extrémité zinc, il appliquait l'extrémité cuivre sur le plateau supérieur d'un électroscope condensateur à feuilles d'or E, dont les deux plateaux étaient de cuivre. En même temps, comme on le fait quand on veut, à l'aide de cet instrument, constater la présence de l'électricité dans un corps isolé, il faisait communiquer le plateau inférieur avec le sol, en le touchant avec le doigt de l'autre main. Après ce très-court contact, il soulevait le plateau supérieur par son manche isolant, et, l'on voyait aussitôt les feuilles d'or de l'électroscope diverger par suite de la présence de l'électricité qui leur était communiquée par le plateau inférieur.

Telle est l'expérience capitale, et si souvent reproduite dans les cours de physique, qui sert à démontrer le fait de la présence et du développement de l'électricité dans toute lame formée de deux métaux hétérogènes.

La théorie du contact, que nous venons de formuler, soulève des objections telles, qu'il est impossible de l'admettre.

Établir l'existence d'une force qui prend naissance par le simple contact de deux corps, et qui se renouvelle sans cesse, revient à admettre le mouvement perpétuel. En effet, d'après le principe de Volta, un même couple métallique et un même liquide conducteur donnent incessamment naissance à un courant électrique invariable et continu. Une fois établi, ce phénomène doit persister sans aucune interruption, puisque tout demeure constant dans ses conditions productrices, savoir : la force électromotrice, qui est constante et immuable, et la conductibilité du liquide, qui est toujours la même. Un couple voltaïque nous montrerait donc en action le mouvement perpétuel.

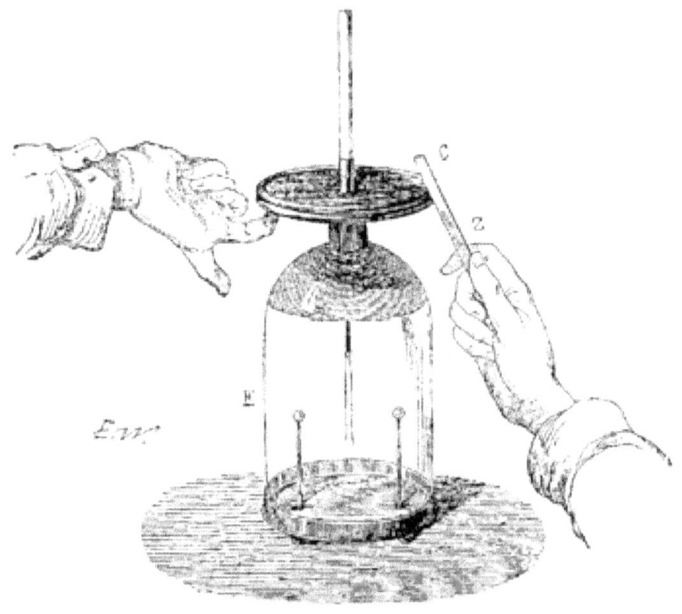

Fig. 372. — Expérience fondamentale de Volta.

La théorie du contact ne tient aucun compte des phénomènes chimiques qui se passent pendant la marche de la pile : la dissolution du zinc dans l'acide employé, la formation du sulfate de zinc, quand on fait usage d'acide sulfurique, et le dégagement d'hydrogène par suite de la décomposition de l'eau, etc.

Elle ne tient nul compte de la proportionnalité, facile à constater par l'expérience, qui existe entre l'intensité des effets électriques de la pile et le degré d'énergie chimique ou de concentration de l'acide employé à mettre cet instrument en action.

Quant à l'expérience fondamentale de Volta, que nous avons

rapportée, il suffit, pour en détruire toute la valeur, de montrer que le dégagement d'électricité que l'électroscope accuse, dans cette circonstance, provient uniquement de l'action chimique qui s'exerce entre le doigt de l'observateur, toujours imprégné d'un liquide ou d'une sueur acide, et le zinc, métal si oxydable. En effet, le véritable moyen d'assurer le succès de cette expérience, c'est d'opérer avec le doigt préalablement mouillé. Si au lieu de tenir la tige métallique avec le doigt, on la tient à l'aide d'une pince de bois sec ; si au lieu de saisir la lame hétérogène par l'extrémité zinc, on la tient par le côté cuivre, métal moins oxydable que le zinc ; enfin, si au lieu d'opérer en présence de l'air, on fait cette expérience dans le vide, ou dans un gaz autre que l'oxygène, tel que l'acide carbonique ou l'azote : dans ces divers cas l'électroscope n'accuse plus la présence de l'électricité. Ainsi cette, expérience de Volta n'était en réalité qu'un fait mal observé. Exécutée dans des conditions rigoureuses, elle prouve le fait contraire, c'est-à-dire l'absence de toute électricité dans une lame formée de deux métaux hétérogènes.

Ces objections contre la théorie du développement de l'électricité par le contact, sont si justes, si naturelles, qu'elles furent formulées dès les premiers temps où Volta donna connaissance de son hypothèse. C'est le 16 brumaire anIX, que Volta lisait à l'Institut le mémoire consacré à l'exposé de sa théorie. Déjà le 12 du même mois, Gautherot, savant bien oublié aujourd'hui et dont la génération scientifique actuelle ignore jusqu'au nom, avait présenté à la *Société philotechnique* de Paris une réfutation de cette théorie, qui fut publiée dans un recueil scientifique de cette époque[71]. Nous allons donner une idée des critiques que Gautherot opposa alors aux idées du physicien d'Italie.

Nous avons vu, en parlant des premiers travaux relatifs au galvanisme, que dès l'apparition des expériences de Galvani relatives à l'arc métallique excitateur, il s'était rencontré un observateur de génie, le Florentin Fabroni, qui, par une vue vraiment supérieure, avait rapporté à l'action chimique la cause de ces phénomènes. L'explication théorique des effets de la pile était à peine formulée par Volta, qu'un autre observateur, Gautherot, se présentait, en France, pour donner de ces nouveaux faits une interprétation semblable.

Gautherot, pour expliquer les phénomènes chimiques de la pile de Volta, partait des mêmes considérations qui avaient guidé Fabroni dans son explication chimique des effets provoqués par l'arc de Galvani, et il suivait le même ordre de succession dans la série de ses considérations théoriques. Il admettait, à l'instar de Fabroni, que deux métaux hétérogènes, mis en contact, avaient une tendance naturelle à se combiner, en raison de leur affinité réciproque ; — que cette tendance à une combinaison chimique avait pour résultat de diminuer la force de cohésion ; — que cet affaiblissement dans l'intensité de la cohésion permettait au métal le plus oxydable du couple de se combiner plus aisément avec l'oxygène de l'air ou de l'eau ; — que de là résultait l'oxydation du métal par l'oxygène atmosphérique, si l'on opérait dans l'air ; ou bien, comme c'était le cas le plus général, si l'on opérait dans de l'eau acidulée, il y avait décomposition de l'eau, dégagement de gaz hydrogène et oxydation du métal qui entrait en dissolution dans l'acide. Jusque-là, comme on le voit, il y avait identité entre la théorie de Fabroni et celle de Gautherot ; mais ce dernier la complétait victorieusement par l'addition d'un terme des plus importants que Fabroni avait négligé, ou pour parler plus exactement, qu'il avait nié d'une manière formelle, et qui avait frappé de stérilité sa belle conception. Gautherot admettait donc que, par suite des changements de forme physique survenus parmi les corps réagissants, il y avait production d'électricité ; que le fluide électrique *prenait la forme d'un courant et devenait une force*[72].

Voici à peu près le résumé de son travail, lu à la Société philotechnique :

« L'état actuel de nos connaissances, dans les phénomènes de la pile de Volta, ne nous permet pas encore, disait Gautherot, de distinguer le phénomène principal, qui explique et subordonne les autres, de ceux de l'électricité, qui ne paraissent ici que comme secondaires. *L'électricité y est excitée et mise en jeu ; mais elle y est subordonnée.* L'oxydation des métaux se présente au contraire comme un phénomène de premier ordre. Leur attouchement semble augmenter leur affinité pour l'oxygène ; et l'eau, dont la présence est indispensable dans ce cas pour rendre sensibles les phénomènes du galvanisme, semble prouver, par sa prompte décomposition, cette affinité plus grande de l'oxygène pour les substances métalliques que pour l'hydrogène. »

Tandis qu'en France la théorie du contact était de cette manière, attaquée dans ses bases mêmes, elle était combattue, en Angleterre, par Wollaston. Dans un mémoire qui fut publié en 1801, mais qui ne fut connu sur le continent que quelques années après, ce grand physicien tentait de substituer la théorie chimique à celle du contact. Seulement, Wollaston allait trop loin en avançant qu'une manifestation quelconque d'électricité a toujours une origine chimique, et que le développement de l'électricité par le frottement ne reconnaît point d'autre cause.

Fig. 373. — Hyde Wollaston.

Wollaston fondait son opinion sur divers résultats d'expériences. Il avait répété l'expérience fondamentale de Volta, qui consiste à montrer le dégagement de l'électricité par le simple contact de deux métaux isolés, au moyen du condensateur. Or, en opérant avec les doigts bien secs, et mieux, avec une tige conductrice de bois ou d'une autre matière, tenue dans la main et servant à toucher le plateau du condensateur, Wollaston avait constaté l'absence de tout dégagement d'électricité[73]. Aussi déclarait-il que la théorie du contact était inadmissible à tous égards.

Le physicien Haldanne partagea les opinions de Gautherot et de Wollaston.

Parmi les adversaires que la théorie chimique de la pile trouva en Angleterre, nous pouvons citer Priestley, dont l'opinion est assez curieuse à connaître.

Priestley rapportait au phlogistique les effets de la pile. Selon lui, le zinc du couple voltaïque perdait son phlogistique, tandis que l'argent ou l'élément négatif le conservait. Cette explication n'était rien autre chose, comme on le voit, que la théorie de l'oxydation exposée dans les idées et avec le langage du temps.

Le docteur Bostock, de Londres, présentait, à peu près à la même époque, des idées semblables, dans une *Histoire du galvanisme*, qui ne se compose que de courtes citations d'ouvrages publiés sur ce sujet.

Un autre physicien anglais, Wilkinson, défendit également la théorie chimique de la pile.

En Allemagne, Ritter fut le premier à embrasser la théorie de l'oxydation. Louis d'Arnim chercha à confirmer par l'expérience les idées de Ritter. Il voulait rattacher l'action de la pile à celle de la machine électrique, et conformément aux idées de Wollaston, il essaya de prouver que, pendant le frottement du plateau de verre de la machine électrique contre les coussins, revêtus d'un amalgame d'étain, il se produit un phénomène d'oxydation.

Bucholz, savant pharmacien d'Erfurth, pour prouver que la production de l'électricité dans la pile, provenait de l'oxydation de l'un des métaux du couple, chercha à comparer la somme d'électricité produite, aux quantités d'oxygène qui entraient en combinaison avec l'un des métaux. L'appareil connu sous le nom de*chaîne de Bucholz*, et dans lequel la dissolution d'un sel métallique sert de conducteur à la pile, fut imaginé à propos de ces discussions.

Ajoutons enfin, pour terminer la liste des physiciens allemands qui professaient alors les théories chimiques, que le docteur Heimand, de Vienne, chercha aussi à prouver, par l'expérience, que l'oxydation était la seule source d'électricité dans l'appareil électromoteur de Volta.

Mais de tous les savants de l'Europe, celui qui développa la théorie chimique de la pile avec le plus de puissance et de talent, ce fut Parrot, physicien russe, professeur à Dorpat. Parrot exposa la théorie chimique de la pile avec une telle supériorité et une si grande force de raisonnement, qu'il mérite d'être considéré comme le fondateur de cette théorie. C'est en 1801 qu'il commença à faire connaître ses idées sur cette matière ; il les développa ensuite dans divers mémoires publiés en Allemagne, et plus tard dans son ouvrage : *Abrégé de physique théorique*[74]. Parrot s'était proposé, suivant ses propres expressions, « d'instruire de toutes pièces le procès du physicien de Pavie ; » et l'on va voir qu'il était difficile de composer un plus redoutable réquisitoire.

Il commence par s'attaquer à l'expérience fondamentale de Volta, qui consiste, comme nous l'avons dit plusieurs fois, à montrer que deux métaux isolés, mis en contact, étant brusquement séparés, et l'un d'eux étant porté sur le plateau du condensateur, cet instrument accuse une manifestation d'électricité, appréciable par l'écartement des feuilles d'or. En rapprochant toutes les observations publiées à propos de ces expériences, et invoquant surtout celles de Wollaston, rapportées plus haut, Parrot faisait voir que les résultats avaient toujours été absolument nuls toutes les fois que l'on avait su éviter les véritables causes électromotrices, c'est-à-dire l'action chimique que développe le doigt mouillé ou sec, venant à toucher un métal aussi oxydable que le zinc ; comme aussi la pression, la friction, l'élévation de température, que détermine dans cette circonstance le contact du doigt avec le plateau condensateur.

Généralisant ensuite le fait, le physicien russe prouvait que le contact des métaux hétérogènes, loin d'être une cause de production d'électricité, retardait, au contraire, le mouvement du fluide électrique, de telle sorte que l'on pouvait *isoler* ou *immobiliser* de petites quantités de ce fluide, en lui faisant traverser un certain nombre de couples métalliques hétérogènes.

Pour prouver que l'hétérogénéité était bien une cause de diminution et non d'exaltation du pouvoir conducteur, Parrot démontrait par l'expérience, que la même quantité de fluide électrique, qui ne pouvait se transporter à travers un conducteur formé d'un certain nombre de métaux hétérogènes, se transmettait parfaitement à travers un conducteur formé du même nombre de fragments d'un même métal.

Après avoir détruit, de cette manière, les fondements de la théorie du contact, Parrot l'attaquait dans ses applications. Selon Volta, la surface des couples de la pile n'exerce aucune influence sur la quantité d'électricité produite, qui n'est proportionnelle qu'au nombre des couples de l'appareil. Parrot établissait, au contraire, ce fait bien vulgaire aujourd'hui, que l'intensité des effets de la pile augmente avec la surface, et non avec le nombre des couples.

Volta avait posé en principe, que la puissance de son électromoteur devait s'accroître indéfiniment selon le nombre des couples métalliques, parce que chaque couple ajouté fournissait une nouvelle quantité d'électricité, qui venait se joindre à la somme déjà produite. Parrot, au contraire, prouvait que l'interposition d'un couple produit une déperdition énorme de force électrique, et que la quantité de fluide qui prend naissance dans cet appareil, est indépendante du nombre des couples employés.

Enfin, Volta qui s'obstinait à ne voir, dans le liquide acide employé pour mettre son appareil en action, qu'un conducteur pur et simple, regardait comme une nécessité fâcheuse l'obligation de faire usage d'un liquide acide. Il avait toujours appelé de tous ses vœux la découverte d'un conducteur solide, qui n'exerçât aucune influence chimique ni sur l'un ni sur l'autre des deux conducteurs parfaits, et qui pût servir dès lors comme un agent plus commode et plus efficace de transmission du fluide entre les couples de sa pile. Malgré tous ses efforts, Volta n'avait jamais pu combler ce *desideratum* de sa théorie. Les piles sèches qui furent entrevues, en 1803, par Hachette et Desormes, et construites en 1809, par Deluc, paraissaient pourtant satisfaire à ce besoin ou à cette confirmation de l'hypothèse de Volta, puisqu'elles se composent uniquement d'un assemblage de corps solides. Elles n'avaient même été imaginées que pour fortifier sur ce point la théorie de Volta. Mais Parrot répondit : « qu'une pile séchée au poêle ou à l'étuve, pouvait être sèche, au dire d'une blanchisseuse, mais non au sens d'un physicien. »

Ensuite, procédant à des expériences directes, il plaça une pile de Zamboni sous une cloche de verre. Il dessécha l'air renfermé au moyen de la chaux, et trouva que lorsque l'hygromètre à fil de soie marquait 22% la pile de Zamboni ne communiquait aucune électricité au plateau de l'électromètre à feuilles d'or, bien que le contact fût prolongé pendant plusieurs minutes ; — que l'effet électrique devenait de plus en plus sensible, à mesure que l'air se chargeait davantage de vapeur d'eau, et qu'il atteignait son maximum dans une atmosphère saturée d'humidité. Enfin, il évalua approximativement la quantité d'électricité fournie pendant un temps donné par une pile de Zamboni et une pile à colonne, et il trouva que cette quantité était proportionnelle à la quantité d'oxygène que chaque couple enlève, dans un temps donné, à l'air ou à l'eau.

On s'explique avec peine comment des idées aussi frappantes, aussi nettement formulées, qui s'appuyaient presque toutes sur l'expérience, produisirent si peu d'impression sur l'esprit des physiciens. Il est certain pourtant que les travaux de Parrot ne furent pris qu'en médiocre considération. Les grandes vérités qu'il mettait en lumière, parurent presque aussitôt obscurcies par les résultats qu'invoquèrent à cette époque, les nombreux partisans que la théorie de Volta avait trouvés en Allemagne et en France.

Le défenseur le plus actif et le plus habile de la doctrine du physicien de Pavie fut le chimiste Pfaff, professeur à Kiel, qui, par des publications répétées, sut maintenir la faveur du monde savant aux idées de Volta.

En France, Biot, dans un travail présenté en 1803 à l'Institut national, avait essayé de confirmer la valeur des mêmes idées. Il s'était efforcé d'expliquer les anomalies physiques de l'électromoteur de Volta par des différences de conductibilité dans les métaux du couple ; aussi affirmait-il que la quantité d'électricité due à l'action chimique était assez faible pour être négligée en présence des effets électriques dus au contact des métaux.

J. B. Behrends, Hildebrant et le professeur Gilbert, de Leipzig, appuyèrent ensuite, par des expériences très-originales, la doctrine de la force électromotrice.

Déjà puissamment étayée en Allemagne par les recherches des physiciens, la théorie de Volta reçut bientôt une confirmation, qui parut éclatante, dans les travaux de Ohm ; en 1820, cet illustre géomètre donna à la science de l'électricité une base mathématique assise sur la théorie de Volta. Les déterminations numériques de Ohm, déduites d'expériences électro-magnétiques, établirent les lois de l'action de la pile d'une manière si rigoureuse et si complète, que l'on dut penser dès lors que la théorie de la force électromotrice ne devait plus rencontrer aucun argument sérieux.

Voici les lois générales posées par Ohm et qui résument tous ses travaux. Il importe d'en consigner ici le texte, car elles embrassent dans leur généralité tous les phénomènes de la pile.

1° *Dans un couple voltaïque quelconque, les forces électro-motrices sont proportionnelles aux tensions électro-statiques.*

2° *La force électro-motrice de couples mis en série est proportionnelle au nombre des couples et indépendante de leur étendue. L'intensité, au contraire, est indépendante du nombre des couples mis en série, mais elle croît en raison directe de leur étendue.*

3° *L'intensité d'un couple ou d'une pile quelconque est proportionnelle aux forces électromotrices, et en* RAISON INVERSE DES RÉSISTANCES DU CIRCUIT.

Ces lois résument en peu de termes, tous les rapports qui existent entre la force de la pile et l'intensité de ses effets, selon que l'on fait varier les conditions extérieures, c'est-à-dire la longueur du conducteur, son diamètre, sa conductibilité, l'interposition de substances diverses dans le trajet du circuit, etc., etc. Ne pouvant entrer dans l'examen détaillé de ces phénomènes qui reviennent spécialement aux traités de physique, nous nous bornons à rappeler le nom du physicien qui a posé ces règles importantes et la date de ses travaux sur ce sujet.

Après cette confirmation mathématique, les belles recherches du physicien allemand Fechner sur la résistance qu'opposent les conducteurs, solides ou liquides, au passage du courant de la pile, donnèrent une dernière sanction à la théorie du contact, qui parut désormais appuyée sur des fondements inébranlables.

Entre les partisans absolus de la théorie du contact et les défenseurs de la théorie chimique, il importe de signaler les opinions intermédiaires des physiciens qui ont tenté de concilier ces deux systèmes opposés. Le nombre de ces derniers a été considérable. Nous nous contenterons de les signaler en peu de mots ; car, pour les faire connaître très-exactement, il faudrait entrer dans de nombreux détails et se livrer à des considérations nouvelles dont l'exposé nous entraînerait trop loin. Dans l'intervalle qui s'étend entre les années 1820 et 1840, plus de deux mille mémoires ont été publiés, par divers savants, pour le développement des théories particulières de la pile, s'appuyant à la fois sur le principe de la force électromotrice et sur l'action chimique.

Humphry Davy est un de ceux qui se sont occupés avec le plus de persistance, à faire triompher une théorie de la pile intermédiaire entre l'hypothèse du contact et la considération des effets chimiques. Nous avons vu que, dans ses premiers travaux sur l'électricité, Davy s'était prononcé très-nettement en faveur de l'interprétation chimique. Mais plus tard il devint partisan des théories de distribution qui avaient pris un très-grand empire. Peut-être aussi était-il dirigé dans, cette voie, par son désir de faire admettre en même temps, ses vues sur l'identité de l'affinité chimique et de l'électricité, qui avaient pour base le fait du développement de l'électricité par le simple contact des corps.

Quoi qu'il en soit, Davy admettait que la cause primordiale de la production de l'électricité dans les piles voltaïques, c'était le contact des métaux hétérogènes. L'action chimique s'exerçant sur l'un des métaux du couple, tendait ensuite à rétablir l'équilibre dans les mouvements électriques développés par le contact, de sorte qu'en définitive, selon Davy, les phénomènes produits par l'électromoteur de Volta provenaient de l'action réunie de ces deux causes. Dans une pile formée, comme celle qu'il avait étudiée, de couples zinc et cuivre plongés dans une dissolution de sel marin, les deux métaux se constituaient par le contact dans un état électrique opposé. Lorsque les couples étaient en petit nombre, et que par conséquent l'électricité produite avait peu d'intensité, la dissolution de sel marin n'agissait que comme simple conducteur, et l'électricité se distribuait sur chaque couple, en augmentant de tension avec le nombre des plaques, et de quantité en raison de la surface métallique. Mais dans une pile composée d'un grand nombre d'éléments, et qui dès lors agissait comme un agent de décomposition chimique, l'eau et le chlorure de sodium étaient décomposés à la fois par le courant voltaïque : l'oxygène et l'acide chlorhydrique provenant de cette décomposition se portaient sur le zinc, tandis que l'hydrogène et la soude se portaient sur le cuivre. De là résultait, pour un instant, l'équilibre des forces mises en jeu. Une partie du zinc se dissolvait dans le liquidé ds la pile, tandis que l'hydrogène se dégageait à l'état de gaz ; ensuite le contact des deux métaux, venant à développer une nouvelle quantité de fluide électrique, donnait au zinc de l'électricité positive, au cuivre de l'électricité négative. Mais l'oxygène et l'acide chlorhydrique qui se trouvaient en présence du zinc, par suite de la décomposition chimique, et qui sont électrisés négativement neutralisaient l'état électro-positif du zinc ; et une destruction du même genre s'opérait au pôle opposé de la pile. Ces alternatives de formation et d'anéantissement de l'électricité, provenant à la fois du contact et de l'action chimique, continuaient nécessairement jusqu'au moment où le chlorure de sodium, décomposé presque en entier, ne pouvait plus servir à produire de l'électricité par sa décomposition chimique.

Telle est la théorie mixte adoptée par Davy, et qu'il chercha à faire prévaloir jusqu'à la fin de sa carrière scientifique, c'est-à-dire jusqu'à l'année 1826.

Cette théorie de l'équilibre électrique fut adoptée par Gay-Lussac et Thénard, qui, dans leurs essais pour mesurer l'intensité des effets de la pile, admirent que cette intensité était proportionnelle à l'énergie chimique de l'acide employé pour mettre l'appareil en action.

Jæeger, physicien du Wurtemberg et professeur à Stuttgard, qui, dans l'origine, s'était montré, comme Davy, partisan de la théorie de l'oxydation, finit aussi par admettre la théorie de l'équilibre de la distribution, qu'il confirma par le contrôle de l'analyse mathématique.

Berzélius approuvait pleinement les idées de Jæeger, et il dit, dans son ouvrage, que l'on doit à ce physicien la théorie la plus claire et la plus complète de la pile de Volta. Il chercha lui-même à préciser et à étendre les idées du professeur de Stuttgard. On peut en dire autant de Scholz et de Reinhold, physiciens allemands, qui s'appliquèrent à développer les idées de Jæeger.

Le professeur Ermann de Berlin, dans la théorie particulière qu'il formula, inclinait, plus que les précédents, vers la théorie du contact. Mais la théorie la plus satisfaisante de la distribution et de l'équilibre de l'électricité dans la pile de Volta a été donnée par le professeur Joseph Prechtl de Vienne.

C'est vers l'année 1835 qu'une période toute nouvelle s'ouvrit pour l'explication théorique des effets de la pile de Volta. Malgré les beaux travaux de Ohm et de Fechner, qui, en donnant à la théorie du contact une base mathématique, semblaient avoir décidé dans ce dernier sens cette question tant discutée, il se rencontra, à cette époque, d'habiles et profonds observateurs, qui, reprenant à de nouveaux points de vue la théorie chimique, assirent cette théorie sur des bases désormais inébranlables. M. Auguste de La Rive, qui, pendant vingt années consécutives, n'a cessé de s'occuper de cette grande question, est le premier fondateur de la théorie chimique actuellement adoptée pour l'explication des effets de la pile de Volta. Ne pouvant entrer dans les détails des expériences si nombreuses et si variées qui ont été exécutées par cet habile physicien, depuis l'année 1835 jusqu'à notre époque, nous nous contenterons de dire que, par l'ensemble de ses recherches, le savant physicien de Genève a donné le premier l'explication rationnelle des phénomènes de la pile en les interprétant par la seule considération des effets chimiques.

Fig. 374. — Auguste de La Rive.

Après M. de La Rive, M. Faraday, de Londres, a été le véritable créateur de la théorie chimique de la pile, professée aujourd'hui par tous les physiciens presque sans exception. Grâce à une très-longue série de travaux, aussi remarquables par la précision et la méthode expérimentale que par la force du raisonnement, M. Faraday a complètement réfuté la théorie du contact métallique, et donné en même temps une démonstration définitive de la théorie chimique. Les divers travaux de M. Faraday sur cette question sont renfermés dans un nombre considérable de mémoires, ou plutôt de notes de peu d'étendue, dans lesquels ce physicien a consigné la description et le résultat de ses expériences au fur et à mesure qu'il les exécutait. Mais on trouve un exposé de l'ensemble de ses recherches sur cette question dans un grand mémoire sur l'*origine du pouvoir de la pile voltaïque*, publié par lui en 1841, dans les *Archives de l'électricité*, recueil qui a paru à Genève pendant plusieurs années sous la direction de M. de La Rive[75].

M. Faraday démontre dans ce travail les propositions suivantes :

1° L'action chimique dégage de l'électricité.

2° Le courant s'établit au moment où l'action chimique commence, et dure aussi longtemps qu'elle.

3° Le courant s'affaiblit toutes les fois que l'intensité de l'action chimique diminue ; il s'arrête au moment où l'action chimique est suspendue.

4° Le sens du courant change en même temps que le sens de l'action chimique.

5° Toute variation survenue dans l'intensité, ou le sens de l'action chimique, s'accompagne nécessairement d'une variation correspondante dans l'intensité, ou le sens du courant.

6° En l'absence d'action chimique, le couple voltaïque ne fournit pas de courant.

7° Le seul contact des métaux ne peut développer de phénomènes électriques.

Nous allons faire connaître les principales expériences sur lesquelles M. Faraday s'appuie pour démontrer la vérité des propositions fondamentales que nous venons d'énoncer, et qui établissent d'une manière irréfutable que le contact des métaux hétérogènes n'est pour rien dans les phénomènes de la pile voltaïque, et que toute l'électricité qui prend naissance dans ces appareils provient de l'action chimique exercée par les acides sur les métaux qui les composent.

M. Faraday a employé pour ses expériences des appareils fort simples, qui permettent de séparer nettement l'action du contact des métaux de l'effet produit par les réactions chimiques, et par conséquent de reconnaître à laquelle de ces deux influences est due la production du courant électrique.

Il examine d'abord comment se comporte un couple voltaïque en présence d'un liquide qui n'agit point chimiquement sur les métaux de ce couple. La dissolution concentrée et limpide de sulfure de potassium, jouit de la propriété de conduire très-bien l'électricité dynamique, et de se laisser traverser par des courants très-faibles. La même dissolution n'exerce aucune action chimique sur le platine et sur le fer. Elle permet donc d'étudier séparément l'influence du contact des métaux et celle de l'action chimique dans la production d'un courant électrique. Voici la disposition employée par M. Faraday pour observer les phénomènes qui se produisent dans ce cas.

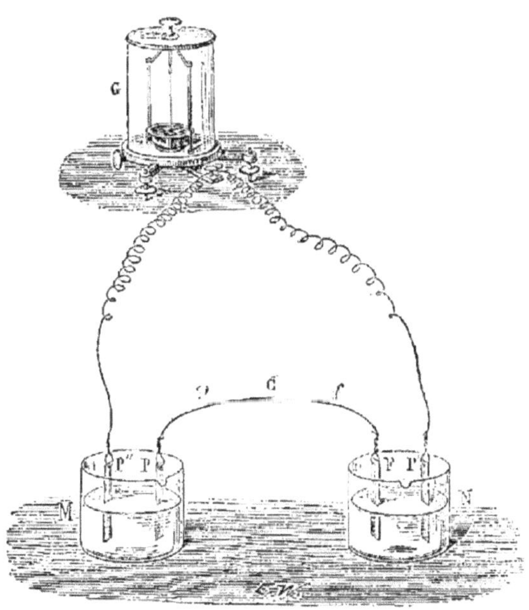

Fig. 375. — Expérience de M. Faraday démontrant que

le contact de deux métaux ne développe point de courant électrique.

Si dans un vase N (fig. 375) contenant de la dissolution de sulfure de potassium, on place une lame de platine P′ et une lame de fer F ; que dans un second vase M rempli de la même dissolution, on plonge deux lames de platine P, P′, que l'on fixe les lames P′, P′ aux extrémités du fil d'un galvanomètre G, et que l'on fasse communiquer les lames F, P au moyen d'un fil de fer *f* et d'un fil de platine *p*, on obtient une disposition dans laquelle on réalise le contact de deux métaux hétérogènes, c'est-à-dire le fer et le platine qui se touchent au point C. En même temps les métaux employés plongent dans un liquide qui ne peut exercer sur eux aucune action chimique, puisque la dissolution de sulfure de potassium n'attaque ni le platine ni le fer. Or, bien qu'il existe au point C un contact de deux métaux hétérogènes, l'aiguille du galvanomètre reste immobile, aucun courant ne traverse le circuit.

Ainsi le seul contact de deux métaux est impuissant à faire naître un courant voltaïque. Si l'on sépare les fils *p* et *f* au point C, et que l'on place entre eux un autre métal quelconque, tel que du zinc, par exemple, bien qu'il y ait *contact*, d'une part entre le zinc et le platine, et d'autre part entre le zinc et le fer, il n'y a pas encore de courant produit. Donc le contact seul ne développe point d'électricité.

Maintenant, si l'on vient à placer au point C, c'est-à-dire entre les deux fils conducteurs de platine et de fer, un morceau de papier imbibé d'acide sulfurique, le fer est attaqué par l'acide. Aussitôt l'aiguille du galvanomètre est déviée ; le circuit est traversé par un courant électrique qui passe à travers le papier, du fer au platine. Le fer joue le rôle de métal positif, comme l'indique la théorie chimique.

Tandis que le contact de deux métaux hétérogènes ne développe aucune trace d'électricité, au contraire, dans les mêmes conditions, l'action chimique détermine l'établissement d'un courant voltaïque. Il n'y a pas de courant toutes les fois que l'action chimique manque, bien que le contact existe : il y a au contraire production d'un courant voltaïque, toutes les fois qu'un liquide agit chimiquement sur un métal.

On peut remplacer la dissolution de sulfure de potassium par une dissolution concentrée de potasse, la lame de fer F par une lame d'argent, et le fil de fer *f* par un fil d'argent, la potasse caustique n'exerçant aucune action chimique ni sur l'argent ni sur le platine. L'expérience étant ainsi disposée, au point C (fig. 375), il y a contact de deux métaux hétérogènes, et pourtant le galvanomètre n'accuse la production d'aucun courant. Mais, si à ce point C on place, entre l'argent et le platine, un morceau de papier imbibé d'acide azotique, l'argent est attaqué tout aussitôt, et en même temps le galvanomètre signale la production d'un courant électrique.

M. Faraday a employé, dans le même appareil, d'autres liquides, tels que l'acide hypoazotique liquide et l'acide azotique. Toutes les fois que la combinaison voltaïque était formée de métaux sur lesquels ces liquides étaient sans action, il a constaté que le contact seul ne développait aucun courant électrique.

Cet expérimentateur est arrivé aux mêmes résultats, en plaçant dans le même appareil des liquides qui peuvent agir chimiquement sur l'un des métaux du couple pour former un sulfure. La dissolution de sulfure de potassium attaque avec énergie l'étain, le plomb, le bismuth, le cuivre, l'antimoine et l'argent. Si donc, dans le même appareil dont il a été question, on place un couple voltaïque formé de deux lames de platine et d'étain, de platine et de plomb, de platine et de bismuth, etc., on constate, à l'aide du galvanomètre, la production d'un courant électrique. Si l'action chimique s'arrête, le courant voltaïque s'arrête aussi en même temps. Tel est le cas des couples formés avec le platine et le plomb, le platine et le bismuth. Comme le sulfure de plomb ou le sulfure de bismuth provenant de la réaction sont insolubles dans le sulfure de potassium qui forme le liquide actif, et qu'ils se déposent sur la lame de plomb ou de bismuth, en couche continue et impénétrable, de telle manière que le métal est mis à l'abri de l'action du liquide, l'effet chimique s'arrête, et le courant électrique est suspendu au même instant. Si, au contraire, et tel est le cas du cuivre, de l'antimoine et de l'argent, le sulfure métalliquc formé, soluble dans le sulfure de potassium, ne se dépose point sur le métal négatif, mais se dissout dans la liqueur à mesure qu'il se forme, et laisse la surface du métal toujours nette et brillante, exposée à l'action chimique du sulfure de potassium, le courant électrique est continu et ne subit aucune interruption.

Tous ces faits démontrent avec évidence que l'action chimique est la seule source de l'électricité dans la pile de Volta ; que le courant électrique commence au moment où l'affinité s'exerce entre les métaux du couple, et qu'elle s'arrête quand cette affinité est suspendue.

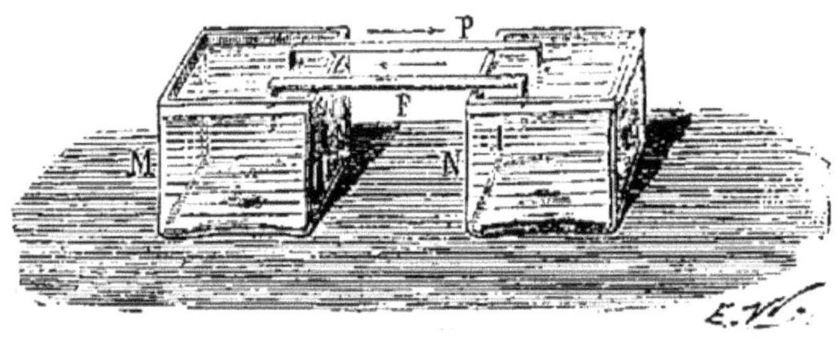

Fig. 376. — Expérience de M. Faraday prouvant qu'un métal unique peut fournir un courant électrique.

M. Faraday montre ensuite que l'on peut développer des courants électriques avec un métal unique, et sans contact avec un autre métal. Ce physicien a donné une très-longue liste des combinaisons voltaïques qui fournissent un courant électrique très-appréciable sans aucune espèce de contact métallique. Nous nous contenterons de citer les deux exemples suivants : 1° Dans deux vases de verre M et N (fig. 376) si l'on place une lame de platine P, et une lame de fer F plongeant, par leurs extrémités, dans ces vases de verre ; si l'on verse dans le vase M de l'acide azotique étendu, et dans le vase N une dissolution de sulfure de potassium, cette combinaison voltaïque ne présentera aucun contact métallique. Cependant, par le fait de l'action chimique de l'acide azotique sur le fer, ce métal devient positif par rapport au platine ; le système entier est traversé par un courant électrique, dirigé de la lame F à la lame P dans le liquide actif du vase M, et assez puissant pour décomposer le sulfure de potassium dans le vase N.

Si dans le même appareil on remplace la lame de fer F par une lame de zinc, et le sulfure de potassium du vase N par une dissolution d'iodure de potassium, cette seconde combinaison ne donne pas non plus de contact métallique auquel on puisse rapporter le développement de la force électromotrice. Cependant, sous l'influence de l'acide azotique, le zinc devient positif par rapport au platine, il s'établit un courant voltaïque traversant les deux métaux, et ce courant est assez intense pour décomposer l'iodure de potassium contenu dans le vase N.

M. Faraday rapporte diverses expériences qui prouvent que le courant voltaïque change en même temps que le sens de l'action chimique, et que toute variation survenue dans le sens d'un courant voltaïque s'accompagne d'une variation correspondante dans le sens de l'action chimique. Il a pu, dans un grand nombre de cas, renverser le sens du courant voltaïque en conservant les mêmes métaux composant le couple, et changeant le liquide qui agit chimiquement sur ces métaux. Nous nous contenterons de citer quelques cas de ce genre.

Dans l'acide azotique étendu, le plomb est positif par rapport à l'étain ; dans l'acide sulfurique étendu, l'étain est positif par rapport au plomb. Or, l'expérience démontre que l'acide azotique attaque plus fortement le plomb que l'étain, tandis que l'affinité de l'acide sulfurique est plus forte pour l'étain que pour le plomb. Dans l'acide sulfurique étendu, l'antimoine est positif par rapport au cuivre ; dans l'acide chlorhydrique, le cuivre est positif par rapport à l'antimoine. Dans ce cas encore, le renversement du courant produit n'est que la traduction du changement survenu dans l'affinité des liquides pour chacun des métaux employés.

Il résulte de tous les faits que nous venons de citer :

1° Que le contact seul de deux substances hétérogènes ne provoque aucun dégagement d'électricité ;

2° Que l'action chimique s'exerçant entre deux corps produit toujours un courant voltaïque ;

3° Que le courant électrique commence avec l'action chimique, s'accroît avec elle, s'arrête si l'action chimique est suspendue, et reprend si l'action chimique recommence ;

4° Que le sens du courant change quand l'action chimique vient à varier dans un couple voltaïque.

Fig. 377. — Michel Faraday.

Toutes ces propositions, qui ne sont que des déductions rigoureuses des expériences de M. Faraday, prouvent par leur ensemble que le contact des substances hétérogènes n'est pour rien dans la production des phénomènes de la pile, et que l'action chimique qui s'exerce entre l'acide et l'un des métaux du couple est la seule origine de l'électricité qui prend naissance dans cet appareil.

Cette théorie a été étendue et confirmée par les travaux de M. Joule, en Angleterre, et de MM. Favre et Silbermann, en France. Ces expérimentateurs ont mesuré la chaleur développée dans les conducteurs, quand ils sont traversés par des courants continus, et le travail mécanique équivalent à ce développement de chaleur. Ils ont constaté ainsi que la chaleur dégagée correspond exactement à celle qui est produite directement par les combinaisons chimiques, mises en jeu dans la pile, lorsque ces combinaisons s'effectuent indépendamment de la pile.

Les calculs de ces physiciens conduisent à des conséquences importantes qui paraissent destinées à jeter un jour tout nouveau sur la production des courants. L'une de ces conséquences est la suivante. La force électromotrice est proportionnelle à la quantité de chaleur dégagée par la dissolution d'un équivalent de zinc dans un couple donné. Ce principe permet de prévoir exactement les effets que les différentes piles pourront produire. La chaleur ayant, d'ailleurs, son équivalent mécanique, on peut la transformer en travail, en faisant traverser par le circuit voltaïque un moteur approprié. M. Favre a fait quelques expériences dans cette direction, et il a trouvé 444 *kilogrammètres*pour la valeur numérique de l'équivalent mécanique de la chaleur dans le cas où l'intermédiaire de la transformation est l'électricité. Ce chiffre coïncide avec celui que l'on connaissait déjà par les expériences directes de M. Joule sur le frottement des liquides, et c'est là une des preuves les plus concluantes en faveur de la théorie chimique de la pile voltaïque.

Ces résultats font apercevoir en outre, entre l'électricité, la chaleur, les actions chimiques et le travail mécanique, ou le mouvement, une connexité étroite et des relations d'équivalence manifestes. Il n'est pas douteux qu'il n'y ait là le germe d'une doctrine nouvelle sur la nature de la pile, doctrine qui embrassera dans une même théorie ces phénomènes si divers et en apparence si complexes. Alors la force, Protée indestructible, sera maîtrisée et pliée à nos usages. Elle subira à notre gré mille transformations. L'homme sera le maître de la nature dont il aura mis à découvert les plus secrets ressorts.

NOTES

1. En étudiant la physique, comme élève de philosophie, au lycée de ma ville natale, je m'étais amusé à relever dans nos principaux auteurs de Traités de physique, les différentes manières dont cette anecdote était racontée. J'avais recueilli vingt et une de ces variantes, dont je conserve encore le texte. Je me flatte que celle que j'ai adoptée ici est la bonne, car elle est empruntée au mémoire latin de Galvani, qui sera cité plus loin.

2. Et non de l'année 1790, comme le dit Arago dans son Éloge de Volta, par une erreur que nous signalons aux éditeurs de ses Œuvres complètes, où elle se trouve reproduite. (Notices biographiques. Tome Ier, page 212) in-8° Paris, 1854.

3. « Res autem ab hujus modi profecta initio est. Ranam dissecui atque prœparavi ut in fig. 2, eamque in tabulâ, omnia mihi alia proponens, in quâ erat

machina electrica, collocavi, ab ejus conductore penitus sejunctam atque haud brevi intervallo dissitam. Dum scalpelli cuspidem unus ex iis qui mihi operam dabant cruralibus hujus ranæ internis nervis casu vel leviter admoverit, continuo omnes artuum musculi ita contrahi visi sunt, ut in vehementiores incidisse tonicas convulsiones viderentur. Eorum vero alter, qui nobis electricitatem tentantibus praesto erat, animadvertere sibi visus est rem contingere, dum ex conductore machinæ scintilla extorqueretur. Rei novitatem ille admiratus, de eâdem statim me, alia omnino molientem ac mecum ipso cogitantem, admonuit. Hic ego incredibili sum studio et cupiditate incensus sum idem experiendi, et quod occultum in re esset in lucem proferendi. Admovi propterea et ipse scalpelli cuspidem uni vel aiteri crurali nervo, quo tempore unus ex iis qui aderant scintillam eliceret. Phœnomenon eâdem omnino ratione contigit : vehementes contractiones in singulos artuum musculos, perinde ac si tetano prœparatum animal esset correptum, eodem ipso temporis momento inducebantur quo educebantur scintillae. »

(ALOYSII GALVANI De viribus electricitatis in motu musculari Commentarius. — De Bononiensis scientiarum et artium Instituto et Academiâ Commentarii, 1790, t. VII, p. 363.)

4. Éloge historique de Volta. — Œuvres de François Arago : Notices biographiques, t. I, p. 212.

5. Traité des phénomènes électro-physiologiques des animaux, 1re partie, p. 7.

6. « Quâ de causâ cùm interdum vidissem praeparatas ranas in ferreis cancellis, qui nortum quemdam pensilem nostræ domûs circumdabant, collocatas, uncis quoque æreis in spinali medullâ instructis, in consuetas contractiones incidisse, non solum fulgurante coelo, sed interdum etiam quiescente ac sereno, putavi eas contractiones mutationibus, quæ interdum ex atmosphericâ electricitate contingunt, ortum ducere. Hinc non sine spe cœpi harum mutationum effectus in muscularibus hisce motibus diligenter perquirere et aliis atque aliis rationibus experiri. Quapropter, diversis horis atque id per multos dies, animalia eadem appositè accommodata inspiciebam : at vix ullus in eorum musculis motus. Vanâ tandem exspectatione defatigatus, cœpi æreos uncos, quibus spinales medullæ infigebantur, adversus ferreos cancellos urgere et comprimere, visurus an hoc artificii genere contractiones musculares excitarentur, et pro vario atmospheræ et electricitatis statu, an quidquam varietatis et mutationis præ se ferrent : contractiones quidem haud raro observavi ; sed nullâ ad varium atmospheræ atque electricitatis statum ratione habitâ. » (ALOYSII GALVANI De viribus electricitatis in motu musculari Commentarius.)

7. ALOYSII GALVANI De viribus electricitaiis in motu musculari Comrnentarius (De Bononiensi Scientiarurn et Artium Instituto et Academiâ Commeniarii, t. VII, p. 363, 1791, in-folio).

En 1844, l'Institut de Bologne a fait paraître, en un beau volume in-4°, la collection des mémoires de Galvani, avec une analyse de ses manuscrits faite avec beaucoup de soin et d'intelligence par M. Gherardi. C'est grâce à cette publication que notre époque a pu connaître exactement le celèbre physicien de Bologne et apprécier son génie.

8. Medicinisch-chirurgische Zeitung, von Jacob Fidelius Ackermann, 1791.

9. Physioiogische Darstellung der Lebenskräfte. Mayence, 1800.

10. Beiträge zur weiteren Kenntniss der thierischen Elektrizität. Munich, 1792.

11. Gren Journal, VI, 402 ; VII, 323 ; VIII, 65.

12. Id., ibid., VI, 411.

13. Dissertatio inauguralis medica de electricitate sic dicta animali, auctore C. H. Pfaff, Stuttgardïæ, 1705. — Ueber thierische Electricität und Reizbarkeit. Leipzig, 1795.

14. Volta a exposé ses idées dans le Giornale physico-medicale, de Brugnatelli, t. XIV, 1797 ; dans le Journal de Leipzig, t. XXXIV ; dans sa Lettre à sir Joseph Banks, président de la Société royale de Londres, insérée dans les Transactions philosophiques pour l'année 1800, 2e partie ; enfin, dans un Mémoire lu à l'Institut national de France au mois de brumaire an IX.

15. Il est bien curieux de lire sur le cahier manuscrit où se trouve enregistrée sa première expérience sur la contraction de la grenouille par l'arc métallique, ces mots, écrits de la main de Galvani : Expérience sur l'électricité des métaux, avec la date du 20 septembre 1786.

16. Fabroni exposa ses idées pour la première fois dans une dissertation adressée à l'Académie de Florence en 1792, et que Brugnatelli analysa dans le Giornale physico-medicale. Plus tard, Fabroni lui-même en fit à Paris une analyse de mémoire, et la publia sous ce titre : Sur l'action chimique des différents métaux entre eux, à la température commune de l'atmosphère, et sur l'explication de quelques phénomènes galvaniques, dans le Journal de physique 9e série, t. VI, cahier de brumaire an VIII(1799).

17. « Il me parut donc, dit Fabroni, qu'une action chimique avait lieu d'une manière évidente, et qu'il ne fallait pas chercher ailleurs la nature du nouveau stimulus que, dans l'expérience de Sultzer, on appelait galvanisme. C'était manifestement une combustion, une oxydation du métal : le principe stimulant pouvait donc être, ou le calorique qui se dégage, ou l'oxygène qui passe à des combinaisons nouvelles, ou enfin le nouveau sel métallique. C'est ce que je n'ai pu bien vérifier.

« Mais on voit bien clairement, par les résultats que j'ai obtenus du simple contact de deux métaux, c'est-à-dire par l'oxyde et les cristaux salins, qu'il s'agit d'une opération chimique, et que c'est à elle que l'on doit attribuer les sensations que l'on éprouve sur la langue et sur l'œil. Il me paraît donc problable que c'est à ces nouveaux composés ou à leurs éléments que l'on doit ce stimulus mystérieux qui opère les mouvements convulsifs de la fibre animale dans une grande partie au moins des phénomènes du galvanisme.

18. Experiments on animal Electricity, with their applications to Physiology, 1793.

19. Expériences sur le galvanisme et en général sur l'excitation des fibres musculaires et nerveuses, par Frédéric-Alexandre de Humboldt, traduction de l'allemand, par Jadelot, médecin. Paris, 1799.

20. Un extrait de l'ouvrage de Fowler se trouve dans la Bibliothèque Britannique, mai 1796.

21. La vérité sort plutôt de l'erreur que de la confusion des faits.

22. Alex. Volta, On the Electricity excited by the mere contact of conducting substances of different kinds. In a Letter to the Right Hon. sir Joseph Banks, P. R. S. (Read June 26, 1800, Philos. Transact. for 1800, part. II, p. 408.)

23. Alex. Volta, letter to sir J. Banks, loc. cit., p. 429.

24. C'est la pile que Volta désigne sous ce nom.

25. W. Cruikshank, Some experiments and observations on Galvanic Electricity. July 1800. — Additional remarks on Galvanic Electricity. September. — Nicholson's Phil. Journ., vol. IV, p. 187-264.

26. Voigt's Magazin, II, 356. — Annales de Gilbert, VI, 470.

27. Wollaston décomposa l'eau en la soumettant dans un tube à l'action de deux fils métalliques d'un centième de pouce de diamètre, espacés entre eux d'un huitième de pouce, et pouvant être mis au dehors en communication avec les deux garnitures d'une petite bouteille de Leyde. À chaque décharge de la bouteille, quand l'étincelle jaillissait entre ces fils, l'oxygène et l'hydrogène de l'eau étaient mis en liberté et se dégageaient à l'état de gaz.

28. On trouve une analyse de ce travail de Volta dans le tome II, p. 267, de l'ouvrage de P. Sue, improprement nommé par l'auteur Histoire du galvanisme, car il ne se compose que de l'analyse des mémoires publiés sur ce sujet jusqu'à l'année 1805.

29. Les Aérostats.

30. Mémoires récréatifs, scientifiques et anecdotiques du physicien—aéronaute Robertson. Paris, 1840, t. Ier, p. 256.

31. Mémoires de Robertson, t. Ier, p. 250-253.

32. Rapport du citoyen Biot sur les expériences de Volta, imprimé dans

les Mémoires de l'Institut national de France, t. V, et reproduit en entier dans les Annales de chimie, t.XLI, p. 3.

33. On verra plus loin, à l'article de la théorie de la pile, que ce fait qui sert de base à la théorie de Volta est inexact. Wollaston, et plus tard MM. de La Rive et Faraday, ont prouvé que l'électricité qui se manifeste dans le contact des métaux, en présence de l'air, provient de l'oxydation de l'un des métaux par l'oxygène atmosphérique. Quand on exécute, en effet, cette expérience dans le vide, ou dans un gaz autre que l'oxygène, le contact des deux métaux ne produit plus aucun effet électrique.

34. Arago, Notices biographiques, t. I, p. 234.

35. Becquerel, Traité expérimental de l'électricité et du magnétisme, 1834, t. I, p. 108 : « Je tiens ces détails, ajoute M. Becquerel, de Chaptal, témoin oculaire. Quoique cette comparaison ne soit pas exacte, on ne peut s'empêcher de soupçonner que quelque effet semblable peut se produire dans la nature organique. »

36. Ces expériences sont rapportées dans l'ouvrage de Van Marum, dont nous avons déjà parlé : Description d'une très-grande machine électrique placée dans le Musée de Teyler à Haarlem, et des expériments faits par le moyen de cette machine, par Martinus Van Marum, directeur du musée de Teyler, traduit en français, avec le texte hollandais en regard, 1 vol. in-4°, avec planches. Haarlem, 1785.

37. Ce mémoire de Sultzer se trouve reproduit au t. III, p. 124, d'une collection qui parut en 1769, à Bouillon, dans les Pays-Bas, intitulée : Le Temple du bonheur, et qui n'est qu'un recueil des meilleurs traités de morale et de philosophie sur le bonheur.

38. Journal des Débats > des 4e et 5e jours complémentaires an IX, et du 7 vendémiaire an X.

39. 1786, n° 8 du journal.

40. Tome II, page 849.

41. Bulletin de la Société philomatique, mai et juin 1793 nos 23 et 24.

42. Dumas, Principes de physiologie, t. II, p. 312.

43. Tome II, p. 98.

44. Nouvelles Expériences galvaniques faites sur les organes musculaires de l'homme et des animaux à sang rouge, par lesquelles, en classant ces divers organes sous le rapport de la durée de leur excitabilité galvanique, on prouve que le cœur est celui qui conserve le plus longtemps cette propriété, par P.-H. Nysten, médecin de la Société des observateurs de l'homme et de celle de l'École de médecine, in-8°, an IX.

45. Expériences faites sur le cœur et les autres parties d'un homme décapité

le 14 brumaire an XI. Brochure in-8°, an XI, chez Levrault.

46. Essai théorique et expérimental sur le galvanisme, p. 69.

47. Essai théorique et expérimental sur le galvanisme, avec une série d'expériences faites en présence des commissaires de l'Institut national de France et en divers amphithéâtres anatomiques de Londres, par Jean Aldini, professeur de l'Université de Bologne. 1 vol. in-4°, avec planches, Paris, an XII (1804).

48. Voici cette légende :

Johanni Aldino

præclaro physico

digno Galvani nepoti

recens experimentis commonstratis

professores et scholares

Nosocom. S. Thomæ et Guy

libenter persolvunt

MDCCCIII, Londini.

49. Bibliothèque britannique, nos 207, 208, p. 373 (Sciences et Arts). — Sue, Histoire du galvanisme, t. III, p. 248.

50. Ces diverses observations sont rapportées dans une dissertation allemande :Expériences galvaniques et électriques faites sur des hommes et des animaux, par une société de médecins établis à Mayence, département du Bas-Rhin (Galvanische und electrische Versuche an Menschen-undier-Körpern, etc., in-4°, Franklin am Mein, 1804).

51. Exposé des expériences faites sur le corps d'un criminel immédiatement après l'exécution, avec des observations physiologiques et philosophiques, par Andrew Ure, docteur-médecin, membre de la Société géologique. (Lu à la Société littéraire de Glasgow, le 10 décembre 1818, et imprimé dans le Journal of Sciences and Arts, n° 12, traduit de l'anglais par M. Billy). — Annales de chimie et de physique, t. XIV, p. 350.

52. Le Constitutionnel, des 9 et 16 octobre 1866.

53. Essai théorique et expérimental sur le galvanisme, p. 147.

54. Annales de chimie et de physique, t. XIV, p. 342.

55. Baker, savant anglais, mort en 1774, fonda une rente annuelle de cent livres sterling pour un discours qui serait prononcé par un des membres de la Société royale sur un sujet important de philosophie naturelle. Davy fut chargé cinq ans de suite, de 1806 à 1810, de la Lecture Bakérienne.

56. Philosophical Transactions, 1807. — Annales de chimie, t. {{rom-maj|LXIII|63}, p. 172.

57. Dumas, Leçons sur la philosophie chimique professées au collége de France, Paris, 1837, in-8, onzième leçon, pages 396 406.

58. Voici ce qu'écrivait à ce sujet Lavoisier en 1789, dans son Traité élémentaire de chimie : « Il serait possible que toutes les substances auxquelles nous donnons le nom de terres ne fussent que des oxydes métalliques, irréductibles par les moyens que nous employons… Il est à présumer, ajoutait-il plus loin, que les terres cesseront bientôt d'être comptées au nombre des substances simples ; elles sont les seuls corps de toute cette classe qui n'aient point de tendance à s'unir à l'oxygène, et je suis bien porté à croire que cette indifférence pour l'oxygène, s'il m'est permis de me servir de cette expression, tient à ce qu'elles en sont déjà saturées. Les terres, dans cette manière de voir, seraient des substances simples, peut-être des substances métalliques,oxygénées. »

59. Le mémoire de Davy, qui renferme l'histoire de ses tentatives pour la décomposition de la baryte, de la strontiane, de la chaux, et qui a pour titre : Recherches électrochimiques sur la décomposition des terres, fut lu le 30 juin 1808 à la Société royale de Londres. Voici comment Davy raconte l'expérience de Berzélius, répétée par lui-même au laboratoire de l'Institution royale :

« Un globule de mercure, formant le circuit d'une batterie composée de cinq cents couples de six pouces carrés, faiblement chargée, fut posé sur de la baryte légèrement humectée, placée sur une lame de platine. Le mercure perdit peu à peu de sa fluidité, et quelques minutes après-il se couvrît d'une pellicule blanche de baryte. Lorsqu'on jeta l'amalgame dans de l'eau, il se dégagea de l'hydrogène, le mercure revint à son état primitif, et l'eau fut reconnue être une solution de baryte.

« Avec la chaux, les résultats furent exactement les mêmes.

« Il n'y avait point à douter que cette méthode ne réussit également avec lastrontiane et la magnésie, et je me hâtai de tenter l'expérience. La strontiane me donna un résultat immédiat ; mais je ne pus d'abord me procurer d'amalgame avec la magnésie. Cependant, en prolongeant l'opération et entretenant cette terre continuellement humide, j'obtins enfin une combinaison de sa base avec le mercure, laquelle reproduisit lentement de la magnésie en absorbant l'oxygène de l'air ou celui de l'eau. »

60. Après la récompense solennelle accordée aux travaux de Davy, aucun autre prix n'a été décerné par notre Académie des sciences pour encourager les progrès de l'électricité. Il a été question, sur une demande de la famille Œrsted, d'accorder une récompense à ce physicien, pour sa découverte, faite en 1820, de l'action de la pile sur l'aiguille aimantée, qui a eu pour résultat la création de l'électromagnétisme, et toutes les applications de ce fait immense réalisées aujourd'hui au grand bénéfice des nations. Mais ce projet n'eut point de suite, les ministres de la Restauration ayant refusé de mettre à la disposition de l'Académie la somme promise par le gouvernement consulaire.

L'importance extrême du rôle que l'électricité est appelée à remplir dans la science et l'industrie n'ont pas manqué de frapper l'attention de l'Empereur Napoléon III. Un des premiers actes de son pouvoir a été l'institution, faite le 28 février 1852, d'un prix de 50 000 francs à décerner en 1857, pour récompenser les applications pratiques de la pile de Volta. Ce prix n'a pas été décerné encore.

61. C'est à Wollaston que l'on doit l'ingénieux procédé qui sert à obtenir des fils d'or et de platine d'une microscopique ténuité.

62. Note historique sur les piles sèches (Annales de chimie et de physique, t. XI, p. 190).

63. Déjà, en 1801, Hachette et Desormes avaient fait connaître un appareil du même genre, dans la vue de simplifier la construction de la pile à colonne, ou plutôt pour essayer de confirmer le principe du développement de l'électricité par le simple contact et sans l'emploi d'aucun conducteur humide. Ils avaient remplacé dans la colonne de Volta, le liquide interposé entre les couples, par des couches de colle d'amidon ; mais cette combinaison était trop influencée par l'humidité pour pouvoir être regardée comme une pile sèche. Deluc est donc le véritable inventeur des piles sèches.

64. Sitzungsberichte der Akademie der Wissenschaften, Wien, Marz 1865, in-8°, s. 280.

65. Cette disposition des couples diffère de celle dont Volta faisait usage, en ce que l'on a supprimé deux disques métalliques qui n'étaient d'aucune utilité ; savoir : le disque de cuivre de l'extrémité inférieure et le disque de zinc de l'extrémité supérieure. En d'autres termes, la pile à colonne représentée ci-dessus se termine par deux demi-couples, tandis que celle dont Volta faisait usage se terminait par deux couples entiers.

66. Ann. de chim. et de phys., 2e série, 1829, t. XLI, p.5.

67. Bibliothèque universelle de Genève, 1836, t. II, p. 167.

68. L'emploi dans les piles à deux liquides, du zinc amalgamé, c'est-à-dire frotté avec du mercure, qui forme à sa surface extérieure une légère couche d'amalgame, permet de laisser séjourner le zinc dans l'acide sulfurique étendu sans qu'une action chimique, et par conséquent le courant électrique, commence à s'établir : le courant ne se forme et la pile ne se met en activité que quand on fait communiquer les deux conducteurs. Cette propriété du zinc amalgamé a été découverte par M. Kemp, physicien anglais, aujourd'hui peu connu (1), L'amalgamation du zinc offre ce grand avantage pratique que, tant que le circuit voltaïque n'est pas établi, c'est-à-dire tant que les deux pôles opposés ne sont pas mis en communication, le zinc n'est pas attaqué ; il ne l'est que dès le moment où l'on complète le circuit. On peut dire que c'est là l'une des acquisitions les plus importantes dont la pile voltaïque se soit enrichie depuis sa création. On a observé, d'ailleurs, qu'avec le zinc amalgamé le courant est plus régulier et en

même temps plus intense pour une même quantité de métal dissous.

Un fait du même genre a été signalé en 1830 par M, de La Rive. Ce physicien a découvert que le zinc pur est à peine attaqué par l'acide sulfurique, mais qu'il est attaqué immédiatement avec une grande énergie si l'on vient à le toucher avec une lame de platine, de cuivre, de plomb, d'étain, de fer, ou même avec une substance non métallique, mais conductrice de l'électricité, comme le charbon calciné. C'est là, on le voit, un phénomène tout semblable à celui qui s'observe dans les piles voltaïques où l'on fait usage de zinc amalgamé. Le zinc amalgamé a la propriété du zinc pur, c'est-à-dîre n'est pas attaquable par l'acide sulfurique ; mais il est immédiatement attaqué dès qu'il se trouve en contact avec un fil de cuivre ou de platine plongeant aussi dans la dissolution, c'est-à-dire dès qu'il fait partie d'un couple en activité.

69. Du Moncel, Exposé des applications de l'électricité, 2e édition, t. Ier, p. 57.

70. Volta avait divisé en deux grandes classes tous les corps conducteurs, sous le rapport de l'intensité des effets que peut y développer la force électromotrice. La première classe, corps conducteurs parfaits électromoteurs, comprenait tous les métaux et le charbon calciné, La deuxième classe, corps conducteurs imparfaits électromoteurs, comprenait les liquides tels que l'eau pure, les dissolutions acides, alcalines, salines, etc. D'après Volta, la force électromotrice développée à la surface de contact de deux corps de la seconde classe, ou d'un corps de la seconde classe et d'un métal, est extrêmement faible. Cette force est négligeable par rapport à celle qui prend naissance au contact de deux corps appartenant à la première classe.

71. Mémoires des sociétés savantes et littéraires de la république française, t. I, p. 471.

72. Gautherot, Recherches sur les causes gui développent l'électricité dans les appareils galvaniques (Journal de physique, t. LVI, p. 420).

73. Hyde Wollaston, Expériments on the chemical production and agency of Electricity(Nicholson's Philosophical Journal, t. V, p. 333, 1801, décembre).

74. Le travail de Parrot sur la théorie de la pile est un mémoire de concours qui fut couronné en 1801 par la Société batave des sciences de Haarlem. Il reproduisit à diverses reprises ses idées dans les mémoires suivants, insérés dans les Annales de physique de Gilbert (en allemand). Voyez :

Esquisse d'une nouvelle théorie de l'électricité galvanique, et sur la décomposition de l'eau opérée par l'électricité, t. XII, p. 49 (1802).

Sur les moyens de mesurer l'électricité, t. LXI, p. 253.

Sur les déviations dans l'électromètre, t. LXI, p. 267.

Sur les effets du condensateur, t. LXI, p. 280.

Sur la théorie de Volta relative à l'électricité galvanique, t. LXI.

Enfin, il les a rappelées de nouveau dans une « Lettre adressée à MM. les rédacteurs des Annal. de chim. et de phys., sur les phénomènes voltaïques. » (Annal, de chim. et de phys., t. XLII, p. 45.)

75. Tome I, pages 93 et 342.

1. Jameson's Edinburgh Journal, October 1828.

ISBN : 978-1519170781

Louis Figuier

www.ingramcontent.com/pod-product-compliance
Lightning Source LLC
Chambersburg PA
CBHW051907170526
45168CB00001B/283

* 9 7 8 1 5 1 9 1 7 0 7 8 1 *